教育部职业教育与成人教育司推荐教
中等职业学校教学用书（数控技术应用专业）

气压与液压控制技术基础

（第3版）

梅荣娣　主编

電子工業出版社
Publishing House of Electronics Industry
北京 • BEIJING

内 容 简 介

本教材以就业为导向、能力为本位，采用理论实践一体化训练法优化教材内容。

教材内容分气压传动和液压传动两个模块，每个模块包括：元件的基础知识和相关训练；基本回路的组成、应用和训练；围绕数控车、铣的中级工技能等级中有关气压、液压的基本要求，结合实际应用选取数控机床中典型的气压和液压系统的实例进行介绍及故障分析。

为了进一步拓展学生的知识和能力，本教材中还选取了一些其他机械设备中的气动和液压系统分析等内容。

图书在版编目（CIP）数据

气压与液压控制技术基础 / 梅荣娣主编. —3 版. —北京：电子工业出版社，2011.12
教育部职业教育与成人教育司推荐教材. 中等职业学校教学用书. 数控技术应用专业

ISBN 978-7-121-14905-4

Ⅰ. ①气… Ⅱ. ①梅… Ⅲ. ①气压传动－中等专业学校－教材 ②液压传动－中等专业学校－教材
Ⅳ. ①TH13
中国版本图书馆 CIP 数据核字（2011）第 218782 号

策划编辑：白　楠
责任编辑：白　楠
印　　刷：北京虎彩文化传播有限公司
装　　订：北京虎彩文化传播有限公司
出版发行：电子工业出版社
　　　　　北京市海淀区万寿路 173 信箱　邮编　100036
开　　本：787×1 092　1/16　印张：9.5　字数：243.2 千字
版　　次：2005 年 8 月第 1 版
　　　　　2011 年 12 月第 3 版
印　　次：2021 年 6 月第 11 次印刷
定　　价：25.00 元

凡所购买电子工业出版社图书有缺损问题，请向购买书店调换。若书店售缺，请与本社发行部联系，联系及邮购电话：（010）88254888，88258888。

质量投诉请发邮件至zlts@phei.com.cn，盗版侵权举报请发邮件至dbqq@phei.com.cn。

本书咨询联系方式：（010）88254583，zling@phei.com.cn。

第3版 前言

《气压与液压控制技术基础》是中等职业学校数控技术技能型紧缺人才培养培训系列教材之一。

本教材以就业为导向、能力为本位，紧扣数控专业的特点，采用理论实践一体化训练法，优化教材内容，增强了实用性，实现理论知识与技能训练的统一。

本教材在前两版的基础上，经过几轮的教学实践，在广泛汇集相关教学单位的意见和建议的基础上，做了一些具有创新意义的改进。在保留前两版特色的基础上力求再突出以下特点：

① 更贴近中职教育的培养目标，在教学内容上作适当调整，突出基本回路的连接，调试及简单气、液压系统常见故障的分析方法；增加部分工程实际中常用的气压与液压系统，培养学生工程意识，突出培养动手能力和技术应用能力。

② 教材以回路的项目训练为主线，便于理论与实践一体化教学法的运用，更具实用性；在知识范畴的教学内容上继承传统理论教学由浅入深、循序渐进的认知规律，在掌握专业知识与技能过程中让学生提高学习能力。

③ 为方便学生的自主学习，增加了例题解析和多层次的习题。

④ 本教材中的气动与液压图形符号严格执行最新的国家标准。

⑤ 教材配备的含教学指南、习题答案、电子教案的教学资料包为教学提供了更有效的教学资源。

常州刘国钧高等职业技术学校梅荣娣担任本书主编并编写了第1～3章、第4章的4.1节、第5章和第6章的操作训练；第4章的4.2节和4.3节、第7章由盐城高等职业技术学校胡剑编写；第6章由济南电子机械工程学校赵庆华编写。镇江市职教教研室徐冬元担任本书主审。

本书在编写过程中，得到了相关学校、工厂、研究所有关同志特别是王猛的大力支持和帮助，在此一并表示衷心的感谢。

本书由无锡机电高等职业技术学校葛金印和常州刘国钧高等职业技术学校王猛主审，经过教育部审批，列为教育部职业教育与成人教育司推荐教材。

限于编者水平，书中缺点和错误在所难免，恳请广大读者提出宝贵意见，以便修正。

为了方便教师教学，本书还配有电子教学参考资料包，内容包括电子教案、教学指南及习题答案，请有此需要的教师登录华信教育资源网（www.hxedu.com.cn）下载，或与电子工业出版社联系，我们将免费提供。E-mail:hxedu@phei.com.cn

编　者

2011 年 11 月

目　录

第1章

气压与液压传动的基础知识

气压与液压传动是以流体（压缩空气或液压油）为工作介质进行能量传递和控制的一种传动形式。工作介质的质量直接影响传动系统的工作性能，因此必须合理地选择和使用。

本章主要讲述工作介质的主要物理性质、气压与液压传动系统对工作介质的要求及其选用方法、气压与液压传动的基本原理及气体与液体流动时的能量损失等气压与液压传动的基础知识。

本章重点：

（1）工作介质的主要物理性质；

（2）气压与液压传动的基本原理，即静压传递原理、连续性原理、伯努利方程等；

（3）理想气体的状态方程；

（4）液压油的选用。

1.1 工作介质的主要物理性质

1.1.1 密度

单位体积内物体的质量称为密度，用ρ表示，单位为 kg/m^3。

$$\rho = \frac{m}{V}$$

式中 m——物体的质量（kg）；

V——物体的体积（m^3）。

空气在不同的温度、压力和湿度条件下可分为三类：自由空气、正常状态空气及标准状态空气。自由空气即地球上的空气，它随着气压、温度、位置、时间的改变而发生变化，不属于气压传动的空气来源。正常状态空气是指在温度为 0℃、绝对压力为 $1.013\,25\times10^5$Pa（760mmHg）状态下的干燥空气，其密度为 1.3kg/m^3。标准状态空气是指在温度为 20℃、绝对压力为 $1.013\,25\times10^5$Pa（760mmHg）、相对湿度为 75%状态下的空气，其密度为 1.2kg/m^3。正常状态下的空气是确定空气压缩机容量、效率、性能的基本依据，即气压控制所使用的空气体积均指在“正常状态”下的空气体积。

大气中除了氧、氮及微量的二氧化碳、氢、氩、氖及氙之外，还含有水蒸气和其他微量气体、尘埃及浮游微生物等。正常状态空气的组成见表 1-1。

表 1-1 正常状态空气的组成

成分	N_2	O_2	Ar	CO_2	Ne 及其他
体积/%	78.09	20.95	0.93	0.03	0.06

矿物油型液压油的密度随温度的上升而有所减小，随温度的下降而有所增加，但变动很小，可忽略不计。我国以温度为 20℃时液压油的密度为标准密度，一般液压油的密度为 900 kg/m^3。

1.1.2 黏性

当气体与液体在外力作用下流动（或有流动趋势）时，由分子间的内聚力阻止分子相对运动而产生一种内摩擦力，这种性质叫做气体或液体的黏性。气体和液体只有在流动（或有流动趋势）时才会呈现黏性，静止的气体和液体是不呈现黏性的。正是由于气体和液体具有黏性才导致在它们流动时损失能量。

气体和液体的黏性可用动力黏度μ来表示，其单位是 Pa • s。温度对空气黏度的影响不大，气体比液体的动力黏度也小得多。例如，在 20℃时，空气的动力黏度$\mu=1.81\times10^{-6}$Pa • s，而某液压油的动力黏度$\mu=5\times10^{-2}$Pa • s，因此在管道内流动速度相同的条件下，液压油的流动损失比空气的流动损失大得多。

在实际工程中，常用运动黏度 v 作为液体黏度的标志。运动黏度是动力黏度μ与液体密度ρ的比值，其单位为 m^2/s 或 mm^2/s。液压油的黏度等级是以其在温度为 40℃时运动黏度的平均值来表示。例如，L—HM32 液压油的黏度等级为 32，表示其在温度为 40℃时运动黏度的平均值为 32 mm^2/s。

温度对液压油的黏度的变化极为敏感，温度升高，黏度下降。不同种类的液压油的黏度随温度变化的程度各不相同。除温度对黏度有影响外，压力对黏度也有影响。液体所受压力增大时，其内聚力增大，黏度也随之增大，但对于一般的液压系统，当压力在 32MPa 以下时，压力对黏度的影响不大，可以忽略不计。当压力较高时或压力变化较大时，黏度的变化则不容忽视。

1.1.3 可压缩性

气体与液体受压力作用后发生体积变化的性质称为可压缩性。对于一般的液压系统，当压力不大时，液体的可压缩性很小，因此可认为液体是不可压缩的；而在压力变化很大的高压系统中，就必须考虑对液体可压缩性的影响，因为在液压系统的实际工作中油液里常常存在游离气泡，而气体的可压缩性比液体大得多，所以当受压体积较大、工作压力过高时，液体的可压缩性显著提高，将严重影响液压系统的工作性能。因此，在液压系统中应使油液中的空气含量减少到最低。

空气的体积受温度和压力的影响较大，有明显的可压缩性。温度越高，压力越大，空气的体积变化越大，可压缩性越大。只有在特定的条件下，才能把空气看做是不可压缩的。空气容易压缩，有利于储存，但难以实现气缸的平稳运动和低速运动。

1.1.4　空气的湿度

不含水蒸气的空气称为干空气，含有水蒸气的空气称为湿空气。空气作为传动介质，其干湿程度对传动系统的稳定性和使用寿命都有直接影响。若空气中含有的水蒸气量较大，则此湿空气在一定的温度和压力条件下，会在气动系统的局部管道、气动元件中凝结成水滴，使气动元件和管道腐蚀、生锈，缩短使用寿命，甚至造成系统失灵。因此，气动系统对空气的含水量有明确的规定，并采取必要的措施防止水分进入系统。

湿空气含水分的程度用湿度和含湿量表示。湿度的表示方法有绝对湿度和相对湿度。

绝对湿度是指每立方米湿空气中含有的水蒸气的质量，常用 x 表示，单位为 kg/m^3。

$$x=\frac{m_s}{V}$$

式中　m_s——水蒸气的质量（kg）；

V——湿空气的体积（m^3）。

湿空气中水蒸气的含量是有限的，在一定温度下，当湿空气中所含水蒸气的量达到最大限度时的绝对湿度叫饱和绝对湿度，用 x_b 表示。

绝对湿度只能说明湿空气中所含水蒸气的多少，但不能说明空气所具有的吸收水蒸气的能力，所以常用相对湿度来表达这种能力。

相对湿度是指在某温度和总压力不变的条件下，绝对湿度与饱和绝对湿度的比值，用 φ 表示。

$$\varphi=\frac{x}{x_b}\times 100\%$$

对于干空气，$\varphi=0$。当湿空气达到饱和时，$\varphi=100\%$。φ 表示湿空气吸收水蒸气的能力，φ 值越大，表示湿空气吸收水蒸气的能力越弱。

当气压下降时空气含湿量减少，减少空气中所含水分，对于降低进入气压设备的空气湿度是十分有利的。当温度下降时，空气中的水蒸气含量也会降低。气压传动系统中也常采用降温法来消除湿空气中的水分。

通常情况下，空气的相对湿度在 60%～70%的范围内，人体感觉舒适。在气压传动技术条件中，规定各种阀的工作介质相对湿度不得大于 90%。

含湿量是指每千克质量的干空气中所含有的水蒸气的质量，用 d 表示。

$$d=\frac{m_s}{m_g}=\frac{\rho_s}{\rho_g}$$

式中　m_s——水蒸气的质量；

m_g——干空气的质量；

ρ_s——水蒸气的密度；

ρ_g——干空气的密度。

例如，温度为 30℃、相对湿度为 80%的大气的含湿量为 21.34g/kg，若用空气输出量为 800L/min 的空压机吸入温度为 30℃、相对湿度为 80%的大气，将其压缩到绝对压力 0.7MPa，然后用后冷却器冷却到 35℃，则后冷却器内的空气含湿量为 5.02g/kg，后冷却器每分钟将产生冷凝水（21.34−5.02）$g/kg\times0.8m^3/min\times1.3kg/m^3=16.97g/min$，即后冷却器每分钟将产生冷凝水 17mL。

1.2 气压与液压传动的基本概念

1.2.1 气压与液压传动的两个基本参数

1. 压力

（1）压力的概念

压力是气体或液体分子由于热运动相互碰撞，在容器的单位面积上产生的力，相当于物理学中的压强，用 p 表示。

$$p=\frac{F}{A}$$

式中 p——压强（N/m^2 或 Pa）。

工程中也常用 kPa（千帕）、MPa（兆帕）、kgf/cm^2。$1kgf/cm^2$ 称为一个工程大气压。

（2）压力的表示方法

压力可用绝对压力、相对压力及真空度等方法来度量。绝对压力是指以绝对真空作为基准所表示的压力。相对压力是指以大气压力作为基准所表示的压力。由压力表测得的压力都是相对压力，所以相对压力也称表压力。当绝对压力低于大气压时，习惯上称为出现真空。因此真空度是指比大气压力小的那部分数值。

真空度=大气压力–绝对压力

绝对压力、相对压力和真空度的相互关系如图 1-1 所示。

（3）压力的传递

静止的气体和液体具有下列特性。

① 静止的气体和液体的压力，垂直作用于气体和液体接触的表面。

② 静止的气体和液体中，任一点的各个方向的压力均相等。

③ 密闭容器中的气体和液体，当一处受到压力作用时，这个压力会传到气体和液体的各个部分，且压力处处相等。

加在静止气体或液体上的压力，以同样大小向所有方向传递，这就是帕斯卡定理。下面是帕斯卡定理的几个应用实例。

在如图 1-2 所示的气缸内，充以压力为 p 的压缩空气，则压力将作用在气缸的所有面上，若活塞面积为 A，则气缸的理论输出力 $F=p\times A$。其中，p 为表压力。

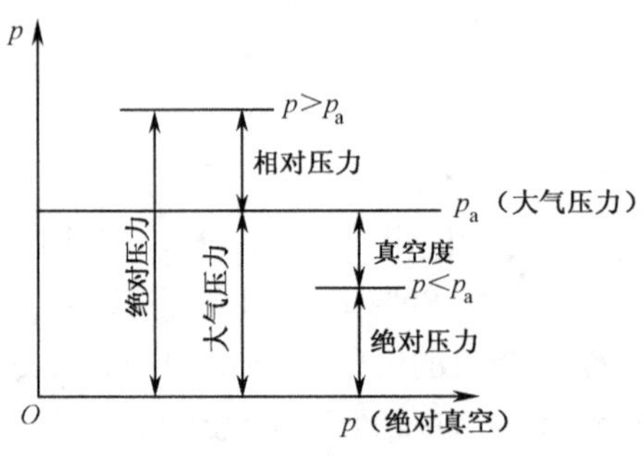

图 1-1 绝对压力、相对压力和真空度的相互关系

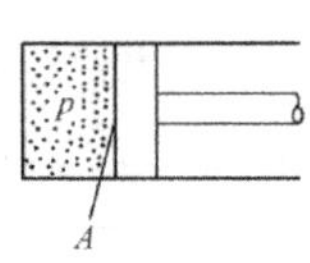

图 1-2 气缸输出力

水压力机的工作原理图如图 1-3 所示。已知水压力机中水的压力为 p，柱塞断面积为 A，水压力机输出力为 F，忽略高度及摩擦损失的影响，根据帕斯卡定理及力的平衡可得

$$F_1=p_1A_1,\quad p_1=p_2,\quad p_2A_2=p_3A_3$$

所以

$$F_1=\frac{A_1A_3}{A_2}\times p_3$$

气压计工作原理图如图 1-4 所示。容器侧向有一个竖直管，在容器及管内充以水银，竖直管顶部抽成真空。$p_a=\rho_{水银}gh$。式中，g 为重力加速度；h 为水银柱高度，与当地大气压力 p_a 是一一对应的，所以读出竖直管内水银高度即为当地大气压力 p_a 的大小。

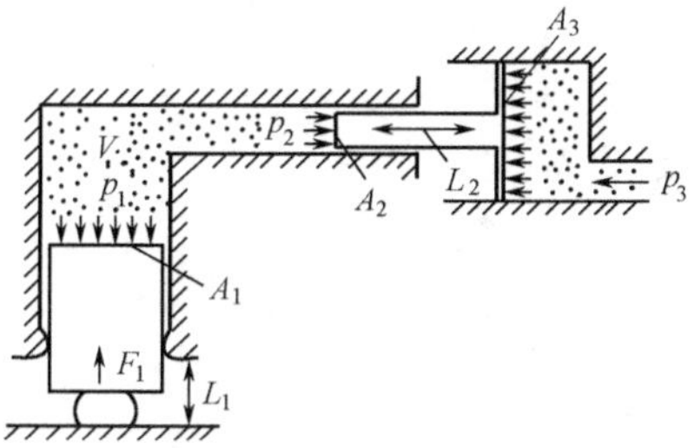

图 1-3　水压力机的工作原理图

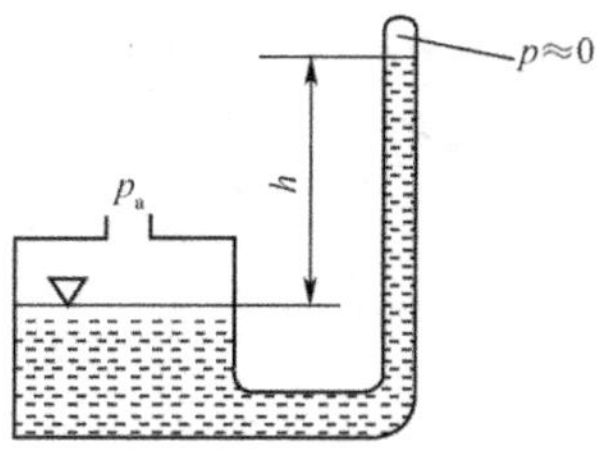

图 1-4　气压计的工作原理图

2．流量

（1）概念

① 通流截面——垂直于液体或气体流动方向的截面，常用 A 表示，单位为 m^2。

② 流量——单位时间内流过通流截面的液体或气体的体积，常用 q_V 表示，单位为 m^3/s 或 L/min，换算关系为 $1\ m^3/s=6\times10^4$ L/min。

③ 平均流速——液体或气体在管道中流动时，由于其具有黏性，所以液体或气体与管道之间存在摩擦力，液体内存在的内摩擦力，造成液体或气体通过通流截面上各点的速度各不相等，管子中心的速度最大，管壁处的速度最小，为计算和分析简便，假设液体或气体通过通流截面的流速分布是均匀的，其流速称为平均流速，用 v 表示，单位为 m/s。

$$q_V=vA\quad 或\quad v=\frac{q_V}{A}$$

（2）连续性原理

液体或气体在无分支管道内作不可压缩恒定流动时，每一个通流截面上所通过的质量相等。液体在如图 1-5 所示的管道中作恒定流动时，若任取 1 和 2 两个通流截面的面积分别为 A_1 和 A_2，并且在这两个通流截面处的液体密度和平均流速分别为 ρ_1、v_1 和 ρ_2、v_2，则 $\rho_1v_1A_1=\rho_2v_2A_2$。

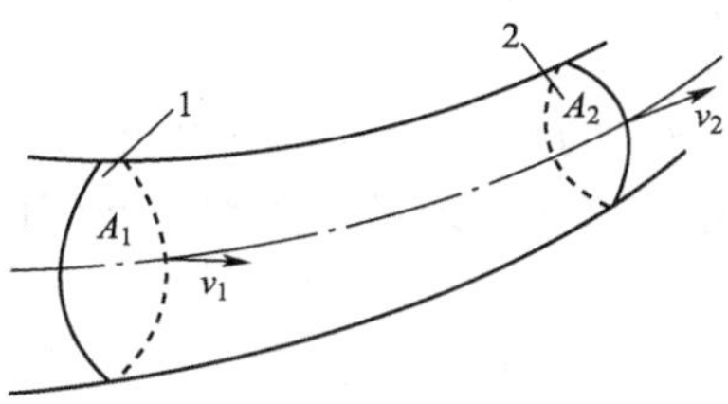

图 1-5　液流连续性原理示意图

当忽略液体的可压缩性时，$\rho_1=\rho_2$，则

$$v_1A_1=v_2A_2$$

即通过每一个通流截面的流量相等，这就叫做连续性原理，上式称为连续性方程。由此可见，在流量不变的条件下，通过某通流截面的流速与通流截面的大小成反比，即通流截面积大处流速慢，通流截面积小处流速快。

（3）伯努利方程

伯努利方程示意图如图 1-6 所示，无黏性的气体和液体在管道内作恒定流动时，用伯努利方程表示压力与流速的关系如下

$$\frac{p_1}{\rho_1}+gh_1+\frac{v_1^2}{2}=\frac{p_2}{\rho_2}+gh_2+\frac{v_2^2}{2}$$

式中 p_1, ρ_1, v_1, h_1——截面 1 处的压力、密度、流速、高度；

p_2, ρ_2, v_2, h_2——截面 2 处的压力、密度、流速、高度。

对于同一水平的两个截面，$h_1=h_2$，所以上式简化为

$$\frac{p_1}{\rho_1}+\frac{v_1^2}{2}=\frac{p_2}{\rho_2}+\frac{v_2^2}{2}$$

而对于不可压缩的液体和气体，有$\rho_1=\rho_2$，所以

$$v_2=\sqrt{\frac{2}{\rho}(p_1-p_2)+v_1^2}$$

由上式可知，当流速 v 越快，则压力 p 越小。

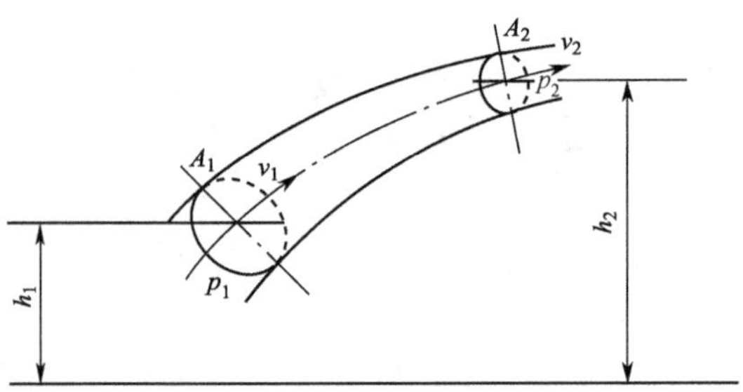

图 1-6 伯努利方程示意图

1.2.2 压力损失和流量损失

1. 压力损失

由于气体和液体有黏性，它们在管内流动时存在压力损失。压力损失可分成沿程压力损失和局部压力损失。在等截面长直管内流动时引起沿程压力损失，在弯管、阀门内等截面变化处流动时引起局部压力损失。

传动中的压力损失会造成功率的损耗，所以应尽量减少压力损失。通过提高管道内壁的加工质量，尽量缩短管道长度，减少管道截面的突变及弯曲，就能使压力损失控制在较小的范围内。

2．流量损失

在液压系统正常工作的情况下，从液压元件的密封间隙漏过少量油液的现象称为泄漏。由于液压元件必然存在着一些间隙，当间隙的两端有压力差时，就会有油液从这些间隙中流走。所以，液压系统中泄漏现象总是存在的。

液压系统的泄漏包括内泄漏和外泄漏两种。液压元件内部高、低压腔间的泄漏称为内泄漏。液压系统内部的油液漏到系统外部的泄漏称为外泄漏。

液压系统的泄漏必然引起流量损失，使液压泵输出的流量不能全部流入液压缸等执行元件。

1.2.3　理想气体的状态方程

没有黏性的气体称为理想气体（Ideal Gas）。理想气体的状态参数满足下列关系：

$$\frac{pV}{T}=\text{常数} \quad \text{或} \quad p/\rho = RT$$

式中　p——气体的绝对压力（Pa）；

T——热力学温度（K）；

V——气体体积（m^3）；

ρ——气体密度（kg/m^3）；

R——气体常数，干空气 R =287.1 J/（kg・K）；水蒸气 R=462.05 J/（kg・K）。

实践证明，压力在 1 MPa 以下、温度在−20℃～50℃范围内有黏性的空气，该关系仍然适用。当气体的密度、压力和温度等发生变化时，气体的状态随之变化。在气动系统中，工作介质的实际变化过程是很复杂的，为了便于分析，通常是突出状态参数变化的主要特征，把复杂的过程简化为一些基本的热力学过程。

1．等温过程

一定质量的气体，若其状态变化是在温度不变的条件下进行的，这个过程称为等温过程，满足波意耳定理（Boyles law），则

$$p_1V_1 = p_2V_2 = \text{常数}$$

上式表明，气体在等温状态时，气体的体积与压力成反比。例如，气罐中的气体较长时间地经小孔向外放气，则气罐中气体的状态变化过程可看作等温过程。

2．等容过程

一定质量的气体，若其状态变化是在体积不变的条件下进行的，这个过程称为等容过程，满足盖・吕萨克定理（Gay-Lussac's law），则

$$\frac{p_1}{T_2}=\frac{p_2}{T_2}=\text{常数}$$

上式表明，气体在等容变化过程中，气体的压力与温度成正比。例如，密闭气罐中的气体，由于外界环境温度的变化，使气罐内气体状态变化发生的过程可看作等容过程。

3．等压过程

一定质量的气体，若其状态变化是在压力不变的条件下进行的，这个过程称为等压过

程，满足查理定理（Charles law），则

$$\frac{V_1}{V_2}=\frac{T_1}{T_2}=\text{常数}$$

上式表明，在等压变化过程中，气体的体积与热力学温度成正比。例如，负载一定的密闭缸被加热或放热时，缸内气体便在等压过程中改变气缸的容积。

4．绝热过程

一定质量的气体，若其状态变化是在与外界无热交换的条件下进行的，此过程称为绝热过程。此时气体的状态方程为

$$p_1V_1^K=p_2V_2^K=\text{常数}$$

式中　K——绝热指数，对干空气来说 K=1.4。

在绝热过程中，系统靠消耗自身内能对外做功。例如，空气压缩机压缩空气、高速气流流过阀口等可视为绝热过程。

【例 1-1】　将标准状态空气压缩到绝对压力为 0.6MPa、温度为 30℃，试求压缩前后的空气体积变化。

解：设压缩前空气体积为 V_1，则根据理想气体状态方程

$$\frac{pV}{T}=\text{常数}\quad\text{或}\quad\frac{p_1V_1}{T_1}=\frac{p_2V_2}{T_2}$$

可得

$$V_2=\frac{p_1V_1T_2}{T_1p_2}=\frac{0.1013\times(273+30)}{(273+20)\times0.6}V_1=0.1746V_1$$

即压缩后的空气体积为压缩前的 0.1746 倍。

1.3　液压油的选用

液压油的质量直接影响液压系统的工作性能，合理地选择和使用液压油，是保证液压系统正常和高效率工作的条件。选用液压油时常常采用两种方法：一是按液压元件生产厂所提供的说明书中推荐的油类品种和规格选用液压油；二是根据液压系统的具体情况，例如工作压力高低、工作温度高低、运动速度大小、液压元件的种类等因素，全面考虑选用液压油。在选用时，主要是确定液压油的黏度范围、品种及系统工作时的特殊要求。

黏度是液压油的最重要的性能指标之一。它对液压系统的运动平稳性、工作可靠性、系统效率等有显著影响，所以必须根据具体要求选择合适的黏度。

（1）环境温度

矿物油的黏度受温度的影响变化很大。为保证在工作温度时有较适宜的黏度，在选用过程中，当环境温度较高时宜采用黏度较大的液压油；当环境温度较低时宜采用黏度较小的液压油。

（2）液压系统工作压力

当系统工作压力较高时，宜选用黏度较大的液压油，以免系统泄漏过多，效率过低；当系统工作压力较低时，宜选用黏度较小的液压油，以减少压力损失。

（3）运动速度

当工作部件运动速度较高时，为减少由于与液体摩擦而造成的能量损失，宜选用黏度

较小的液压油；反之，当工作部件运动速度较低时，宜选用黏度较大的液压油。

（4）设备的特殊要求

精密设备和一般机械对黏度的要求不同，精密设备宜选用黏度较小的液压油。

（5）液压泵的类型

液压泵是液压系统的重要元件，它对液压油黏度的要求较高。一般情况下，可将液压泵要求的黏度作为选择液压油的基准。液压泵用油黏度范围见表 1-2。

表 1-2　液压泵用油黏度范围

液压泵类型 \ 液压油黏度等级 \ 环境温度	5℃～40℃	40℃～80℃
叶片泵（压力≤7MPa）	32、46	46、68
叶片泵（压力＞7MPa）	46、68	68
齿轮泵	32、46、68	68、100、150
柱塞泵	46、68	68、100、150
螺杆泵	32、46	46、68

液压油品种的选择是否合适，对液压系统的工作影响也较大。我国液压油的主要品种、黏度等级和特性见表 1-3。

表 1-3　我国液压油的主要品种、黏度等级和特性

类　型	名　称	代　号	黏 度 等 级	特性和用途
矿物型	普通液压油	L－HL	15、22、32、46、68、100	抗氧防锈，适用于一般设备的中低压系统
	抗磨液压油	L－HM	15、22、32、46、68、100、150	抗氧防锈、抗磨，适用于工程机械、车辆液压系统
	低温液压油	L－HV	15、22、32、46、68	抗氧防锈、抗磨、黏-温特性较好，可用于环境温度在–40℃～–20℃的系统
	液压导轨油	L－HG	32、68	抗氧防锈、抗磨、防爬，适用于机床中液压和导轨润滑合用的系统
乳化型	水包油乳化液	L－HFA	10、15、22、32	难燃、黏-温特性好、防锈、润滑性差，适用于有抗燃要求、油液流量大的系统
	油包水乳化液	L－HFB	22、32、46、68、100	防锈、抗磨、抗燃，适用于有抗燃要求的中压系统
合成型	水-乙二醇液	L－HFC	15、22、32、46、68、100	难燃、黏-温特性好、抗蚀性好，适用于有抗燃要求的中低压系统
	磷酸脂液	L－HFDR	15、22、32、46、68、100	难燃、润滑、抗磨抗氧性好、有毒，适用于有抗燃要求的高压精密系统

1.4　气压与液压传动的发展

由于气压与液压传动具备了许多突出的优点，因此，气压与液压控制技术应用十分广泛。气压与液压传动的主要特点见表 1-4。

表 1-4　气压与液压传动的主要特点

<table>
<tr><th colspan="2">特　　点</th><th>气 压 传 动</th><th>液 压 传 动</th></tr>
<tr><td rowspan="2">优点</td><td>相同点</td><td colspan="2">（1）执行元件的速度、转矩、功率均可进行无级调节，而且调节简单、方便；
（2）易实现系统的自动化；
（3）均能实现过载保护；
（4）元件易实现系列化、标准化和通用化，便于设计、生产</td></tr>
<tr><td>不同点</td><td>（1）来源方便，不污染环境；
（2）空气黏度小，能量损失小，适于远程传输及控制；
（3）工作环境适应性好，可在强冲击、强腐蚀、强辐射等恶劣环境下进行正常工作</td><td>（1）单位质量传递功率大，结构紧凑；
（2）传动平稳，吸振能力强；
（3）自润滑性好，元件寿命长</td></tr>
<tr><td rowspan="2">缺点</td><td>相同点</td><td colspan="2">（1）由于会发生泄漏及其可压缩性，不能保证严格的传动比；
（2）传动效率较低</td></tr>
<tr><td>不同点</td><td>（1）不易获得较大的输出力和转矩；
（2）变载时运动平稳性差；
（3）有较大的噪声；
（4）需设置辅助润滑装置</td><td>（1）制造精度和密封性能要求较高；
（2）温度的变化会影响其工作性能；
（3）油液中混入空气易影响其运动平稳性；
（4）维修保养困难</td></tr>
</table>

总之，气压与液压传动的优点是主要的，它的缺点正随着生产技术水平的不断提高而被逐步克服。

气压传动技术在科技飞速发展的当今发展非常迅速，气动技术已发展成包含传动、控制、检测在内的自动化技术。由于工业自动化技术的发展，气动控制技术以提高系统可靠性、降低总成本为目标，研究和开发系统控制技术和机、电、液、气综合技术。

液压技术自 18 世纪末英国制成世界上第一台水压机起，已有近 300 年的历史。随着计算机技术的发展，液压技术得到蓬勃发展，并渗透到各个工业领域中。当前液压技术正向高效率、高精度、高性能的方向迈进，液压元件向着体积小、质量轻、微型化和集成化方向发展，静压技术、交流液压等新兴液压技术正在开拓。可以预见，气压与液压技术将会继续获得飞速发展，在各个工业部门的应用将越来越广泛。

气压与液压传动在各类机械中的应用见表 1-5。

表 1-5　气压与液压传动在各类机械中的应用

行 业 名 称	应 用 举 例	行 业 名 称	应 用 举 例
工程机械	挖掘机、装载机、推土机	轻工机械	打包机、注塑机
矿山机械	凿岩机、开掘机、提升机、液压支架	灌装机械	食品打包机、真空镀膜机、化肥包装机
建筑机械	打桩机、液压千斤顶、平地机	汽车机械	高空作业机、自卸式汽车、汽车起重机
冶金机械	轧钢机、压力机、步进加热炉	铸造机械	砂型压实机、加料机、压铸机
锻压机械	压力机、模锻机、空气锤	纺织机械	织布机、抛沙机、印染机
制造机械	组合机床、冲床、自动生产线、气动扳手		

习题 1

（1）解释下列概念：通流截面、流量、平均流速、真空度、连续性原理、相对湿度、帕斯卡定理。

（2）在工作中如何选择合适的液压油？

（3）有一贮气罐，容积为 60L，罐内装有 t=10℃的空气，罐内顶部压力表指示为 0，现对该罐加热到 40℃，问此时压力表指示值为多少？

（4）空气压缩机向容积为 40L 的气罐充气直至绝对压力 p_1=0.8MPa 时停止，此时气罐内的温度 t_1=40℃，又经过若干小时，罐内温度降至室温 t_2=10℃。试问：①此时罐内表压力为多少？②此时罐内压缩了多少室温为 10℃的自由空气？

（5）在如图 1-7 所示的液压千斤顶中，已知大活塞直径 D=0.036m，小活塞直径 d=0.012m，假设 T=250N。问：

① 作用在小活塞上的力为多少？

② 系统中的压力为多少？

③ 大活塞能顶起多重的重物？

④ 大、小活塞运动速度哪一个快？快多少倍？

（6）如图 1-8 所示的液压缸，无杆腔的有效面积 A_1=0.02m^2，有杆腔的有效面积 A_2=0.01m^2，要求活塞运动速度 v =0.05 m/s。试确定：

① 流入液压缸的流量 q_{V1} 和流出液压缸的流量 q_{V2}；

② 若进油管和出油管的有效直径都是 0.02 m，求两管道中油液的平均流速 v_1 和 v_2。

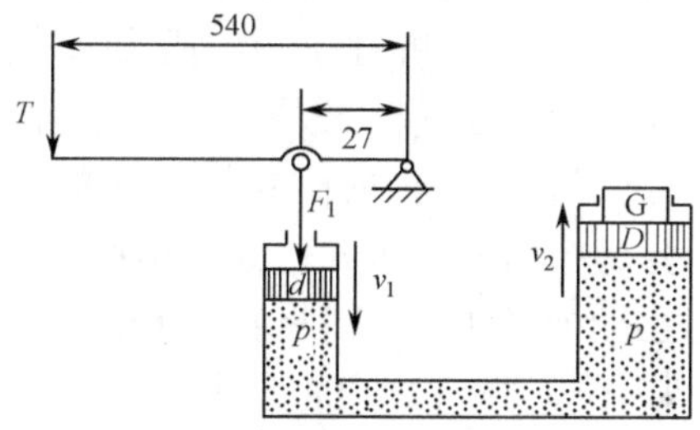

图 1-7　液压千斤顶示意图

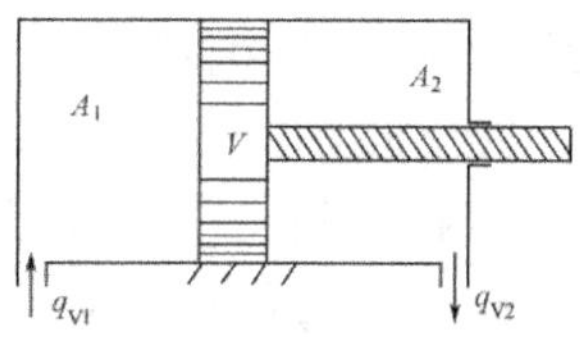

图 1-8　液压缸示意图

第2章

气压元件的基础知识

气压传动具有省能、高效、价廉及无污染等优点，近几年来在国内外得到了较快的发展。本章从压缩气体的产生、处理、储存和气压能的转化角度，介绍相关元件的作用、结构、工作原理及应用特点。

本章重点：

（1）气源系统的组成和各元件的工作原理、图形符号及功能；

（2）气缸和气压马达的工作原理、图形符号及特点。

2.1 气压传动概述

首先以气动剪切机为例，初步了解气压传动的工作原理。气动剪切机的结构及工作原理图如图 2-1 所示。图示位置为剪切前的预备状态。空气压缩机 1 产生的压缩空气经过初次净化（冷却器 2、油水分离器 3）后储存在贮气罐 4，再经过气动三大件（空气过滤器 5、减压阀 6、油雾器 7）及气控换向阀 9，进入气缸 10。此时，气控换向阀 9 的 A 腔的压缩空气将阀心推到上位，使气缸上腔充压，活塞处于下位，剪切机的剪口张开，处于预备工作状态。

当送料机构将工料 11 送入剪切机并到达规定位置时，工料将行程阀 8 的阀芯向右推动，气控换向阀 9 的阀芯在弹簧的作用下移动到下位，将气缸上腔与大气连通，下腔与压缩空气连通。此时活塞带动剪刀快速向上运动将工料切下。工料被切下后，即与行程阀 8 脱开，行程阀的阀芯在弹簧作用下复位，将排气口封死，气控换向阀 9 的 A 腔压力上升，阀芯上移，使气路换向。气缸上腔进入压缩空气，下腔排气，活塞带动剪刀向下运动，系统又恢复到图示的预备状态，待第二次进料剪切。

气动剪切机的结构及工作原理图如图 2-1（a）所示。用这种图表示气压传动系统，直观且容易理解，但绘制比较麻烦，因此工程上常用一系列标准的符号来表示元件的职能。目前我国的液压与气压系统图采用《GB/T 786.1—2009》所规定的图形符号绘制。用图形符号绘制的气动剪切机的工作原理图如图 2-1（b）所示。主要的液压与气动元件的图形符号在本书各章分别都有介绍，同时也可查阅本书附录中“液压与气动元件的图形符号”一表。

气压传动系统的组成见表 2-1。

表 2-1　气压传动系统的组成

名　称		功　能
气源装置	空气压缩机	将原动机供给的机械能转换为气体的压力能，为各类气动设备提供动力
执行元件	气缸、气压马达	将气体的压力能转变为机械能，输出到工作机构上
控制元件	单向阀、换向阀、减压阀、顺序阀、溢流阀、排气节流阀等	用于控制压缩空气的压力、流量和流动方向及执行元件的工作顺序，使执行元件完成预定的运动规律
辅助元件	油雾器、消声器、转换器	使压缩空气净化、润滑、消声及用于元件间连接等所需的装置
工作介质	压缩空气	传递能量的载体

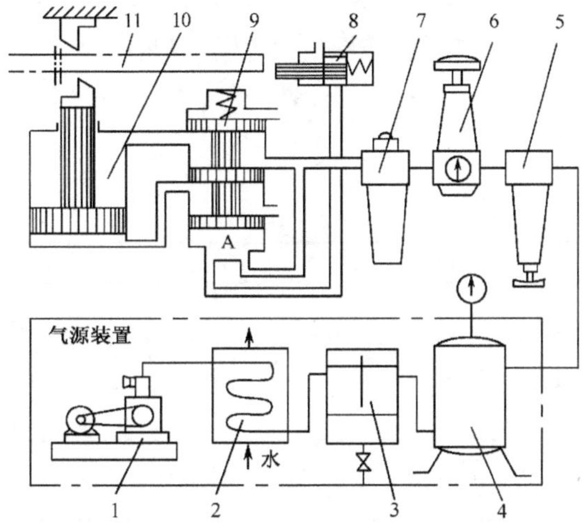

（a）结构及工作原理图

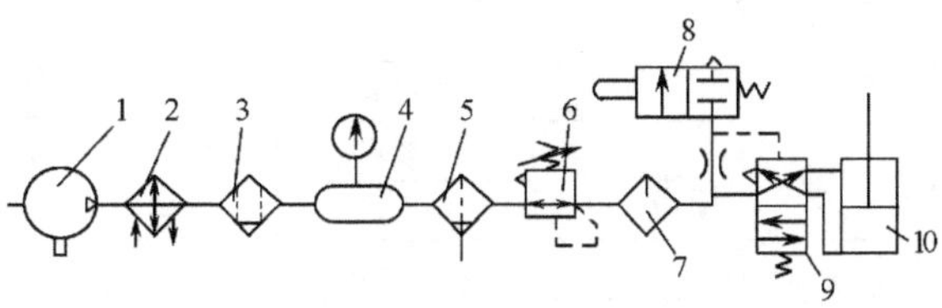

（b）用图形符号表示的工作原理图

1—空气压缩机；2—冷却器；3—油水分离器；4—贮气罐；5—空气过滤器；
6—减压阀；7—油雾器；8—行程阀；9—气控换向阀；10—气缸；11—工料

图 2-1　气动剪切机的结构及工作原理图

2.2 气源设备

产生、处理和储存压缩空气的设备称为气源设备。由气源设备组成的系统称为气源系统，典型的气源系统如图 2-2 所示。

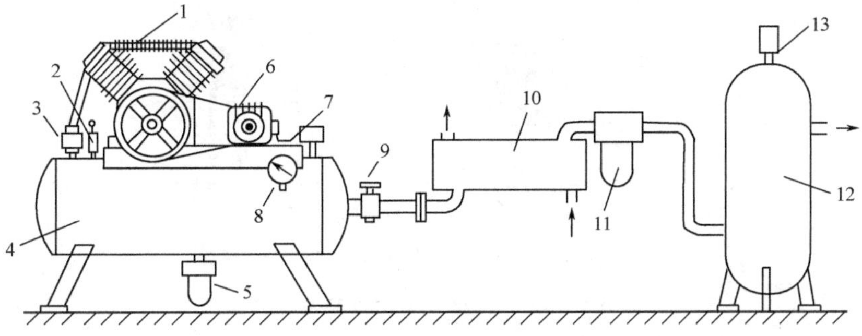

1—空气压缩机；2—安全阀；3—单向阀；4—贮气罐；5—自动排水器；6—电动机；7—压力开关；
8—压力表；9—单向阀；10—后冷却器；11—油水分离器；12—贮气罐；13—安全阀

图 2-2　典型的气源系统

空气压缩机 1 用以产生压缩空气，由电动机 6 驱动。压力开关 7 根据压力的大小控制电动机的启动和停转。启动空气压缩机后，空气经压缩，其压力和温度同时升高，高温高压气体进入后冷却器 10 降温冷却，经过油水分离器 11 除去凝结的水和油，最后存入贮气罐 12。在后冷却器、油水分离器、贮气罐等器件的最低处，都设有自动排水器 5，排掉凝结的油水等污染物。

2.2.1　空气压缩机

1. 空气压缩机的分类

空气压缩机是产生压缩空气的装置，它将机械能转化为气体的压力能。按压力高低，空气压缩机分为低压型（0.2～1MPa）、中压型（1～10MPa）、高压型（10～100MPa）和超高压型（＞100MPa）；按流量可分为微型（≤$1m^3$/min）、小型（1～$10m^3$/min）、中型（10～$100m^3$/min）和大型（＞$100m^3$/min）；按工作原理分为几种类型，见表 2-2。

表 2-2　空气压缩机的分类

类　型	不同的结构形式		工作原理
容积型	往复式	活塞式	通过缩小气体的体积，使气体密度增加以提高气体的压力。气动系统中，多采用容积型空气压缩机
		膜片式	
	旋转式	叶片式	
		螺杆式	
速度型	离心式		通过提高气体的运动速度，让动能转化为压力能，以提高气体压力
	轴流式		

下面介绍几种常用的空气压缩机。

（1）活塞式压缩机

单级活塞式压缩机的工作原理如图 2-3 所示。只要一个行程就将吸入的空气压缩到所需要的压力。活塞上移，容积增加，缸内压力小于大气压，空气便从进气阀进入缸内。在行程末端，活塞向下移动，进气阀关闭，空气被压缩，同时排气阀被打开，输出压缩空气。

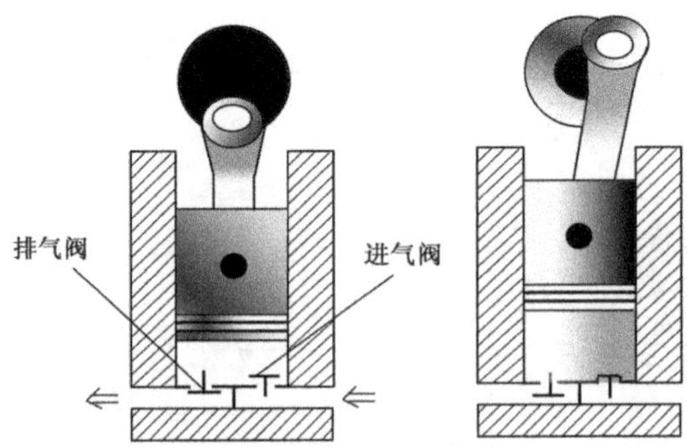

（a）吸气过程　　（b）压缩过程

图 2-3　单级活塞式压缩机的工作原理

在单级活塞式压缩机中，若空气压力超过 0.6MPa，温度过高将大大地降低压缩机的效率。因此，工业中使用的活塞式压缩机通常是两级。两级活塞式压缩机的工作原理如图 2-4

所示。若最终压力为 0.7MPa，则第一级气缸通常将气体压缩到 0.3MPa，然后通过中间冷却器冷却，再进入第二级气缸。压缩空气经冷却后，温度大幅度下降，因此，相对单级压缩机提高了效率。

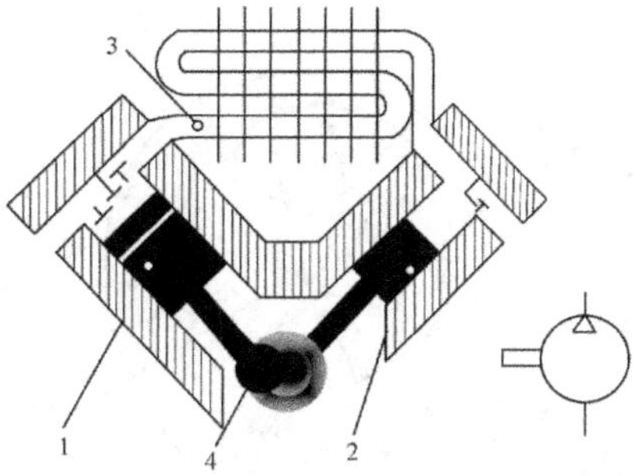

（a）结构、原理图　　（b）图形符号

1—1 级活塞；2—2 级活塞；3—中间冷却器；4—曲柄

图 2-4　两级活塞式压缩机的工作原理

（2）叶片式压缩机

叶片式压缩机又称为滑动叶片式压缩机，如图 2-5 所示。在压缩机机体内，转子 1 的中心和压缩机定子 2 的内表面中心有一个偏心量，此偏心量决定了每转的输出量。在转子上面嵌有滑动叶片 3，当转子回转时，由于离心力的作用使叶片紧贴定子内壁，两片滑动叶片之间形成一个密封的空间。转子回转时，空气吸入口处的密封空间由小逐渐变大，吸入空气；而在输出口，密封空间由大变小，空气渐渐被压缩而排出。

滑动叶片最多为 12 片，被磨损后有自动补偿功能，且输出的压缩空气压力的脉动较小，故输出平稳。

滑动叶片式压缩机输出量可达 1 500m^3/min，输出压力在 0.015～0.7MPa 范围内，效率比往复式低，且振动小，不需要坚固的地基，适用于低使用率的场合。

（3）螺杆式压缩机

螺杆式压缩机的工作原理如图 2-6 所示。两个咬合的螺旋转子以相反方向转动，它们当中自由空间的容积沿轴向逐渐减少，从而压缩两个转子间的空气。若转子和机壳之间相互不接触，则不需润滑，这样的压缩机便可输出不含油的压缩空气。它能连续输出无脉动的大流量的压缩空气，出口空气温度为 60℃左右。

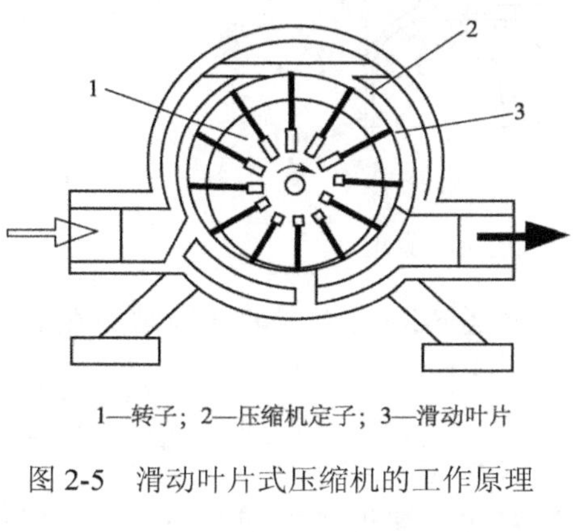

1—转子；2—压缩机定子；3—滑动叶片

图 2-5　滑动叶片式压缩机的工作原理

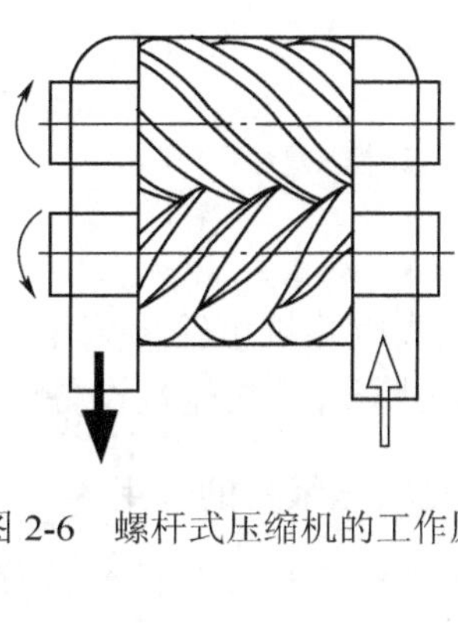

图 2-6　螺杆式压缩机的工作原理

（4）离心式压缩机

离心式压缩机的工作原理如图 2-7 所示。空气从其中心进入，叶片高速旋转时将气体加速，气体沿径向离开中心点直到蜗形内壁，再沿内壁流动直到从出口排出。由于空气流速降低，所以压力得以升高。

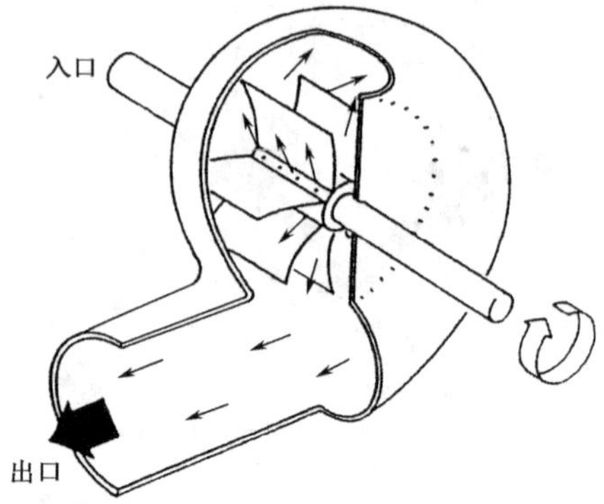

图 2-7　离心式压缩机的工作原理

离心式压缩机的输出压力不高，故多采用多级式离心压缩机。当气体离开第一级叶片后再被送入第二级叶片的中心，以此类推，直至完成多级压缩。离心式压缩机在高速回转时易产生噪声，必须注意隔声措施。一般常用于冶炼、采矿、化学工业等。

（5）轴流式压缩机

轴流式压缩机的工作原理如图 2-8 所示。其压缩原理和离心式相似，叶轮高速回转，高速流动的空气沿着转轴轴线方向流动以获得一定的压力。轴流式压缩机主要由一个略呈圆锥形的转子、与转子形状相配合的机体及两者间的许多小叶片组合而成。在转子圆周上装有许多排列整齐的小叶片，随转子回转，在机体内壁与轴垂直的多个圆周上也装有许多排列整齐的小叶片，与转子上的小叶片相间安装。

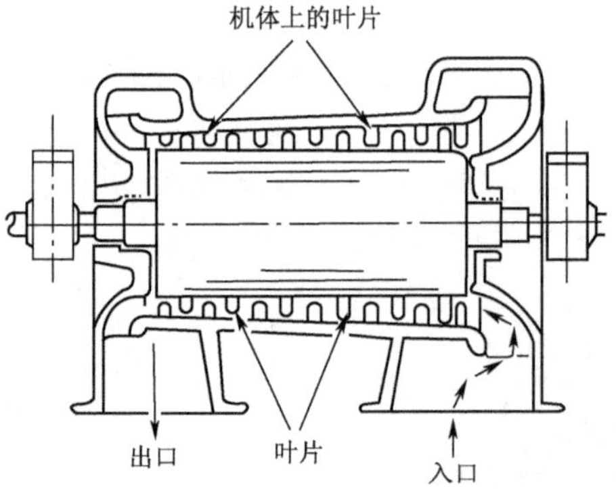

图 2-8　轴流式压缩机的工作原理

轴流式压缩机可输出大量的压缩空气。但高速运转时噪声大，一般常用在矿场、碎石场及喷射引擎等需高排量设备上。

2．空气压缩机的选用

首先按空气压缩机的性能要求选择类型。活塞式压缩机成本相对低，但其振动大、噪声大，需防振、防噪声。为防止压力脉动，需设贮气罐。活塞式压缩机若冷却良好，排出空气温度约为 70℃～180℃；若冷却不好，可达到 200℃以上，易出现油雾炭化为炭末的现象，故需对压缩空气进行特别处理。螺杆式压缩机能连续排气，不需设置贮气罐。螺杆式压缩机传动平稳、噪声小，但成本高。

其次，再根据气压传动系统所需要的工作压力和流量两个参数进行选择。当确定压缩机输出压力时，要考虑系统的总压力损失；当确定流量时，要考虑管路泄漏和各气动设备是否同时用气等因素，加以一定的备用余量。

3. 使用注意事项

（1）润滑油的使用

往复式压缩机若冷却良好，排出的空气温度约为 70℃～180℃；若冷却不好，可达到 200℃以上。为防止高温下因油雾炭化变成铅黑色微细炭粒子，并在高温下氧化而形成焦油状的物质（俗称油泥），必须使用厂家指定的不易氧化和不易变质的压缩机油，并要定期更换。

（2）安装要求

① 压缩机必须安装在粉尘少、湿度小的专用房内，并对外隔声；

② 厂房要通风，以利于压缩机散热；

③ 避免日光直射及靠近热源；

④ 为使压缩机保养检查容易，压缩机周围应留有空间。

2.2.2 气源净化装置

虽然由空气压缩机输出的压缩空气能够满足一定压力和流量的要求，但还不能被气动装置使用。压缩机从大气中吸入含有水分和灰尘的空气，经压缩后空气温度高达 140℃～170℃，这时压缩机气缸里的润滑油也有一部分成为气态。这些油分、水分及灰尘便形成混合的胶体微雾及杂质，混合在压缩空气中一同排出。这些杂质若进入气动系统，会造成管路堵塞和锈蚀，加速元件磨损，以及泄漏量增加、缩短使用寿命。水汽和油汽还会使气动元件的膜片和橡胶密封件老化、失效。因此必须设置气源净化处理装置，提高压缩空气的质量。净化装置一般包括后冷却器、油水分离器、干燥器、贮气罐、空气过滤器等。

1. 后冷却器

后冷却器安装在空气压缩机出口管道上，其作用是将高温高压空气冷却至 40℃～50℃，将压缩空气中含有的油汽和水汽冷凝成液态水滴和油滴，以便于油水分离器将它们排出。后冷却器有风冷式和水冷式两种。

（1）风冷式后冷却器

风冷式后冷却器是靠风扇产生的冷空气吹向带散热片的热气管道来降低压缩空气的温度的，其结构及工作原理如图 2-9 所示。风冷式后冷却器不需要冷却水设备，不用担心断水或水冻结。风冷式后冷却器占地面积小，质量轻且结构紧凑，运转成本低，易维修，但只在进口空气温度低于 100℃，且处理空气量较小的场合。

（2）水冷式后冷却器

水冷式后冷却器是靠冷却水与压缩空气的热交换来降低压缩空气的温度的，其结构及工作原理如图 2-10 所示。热的压缩空气由管内流过，冷却水在管外的水套中沿热空气的反方向流动，通过管壁进行热交换，使压缩空气获得冷却。为了提高降温效果，使用时要特别注意冷却水与压缩空气的流动方向。后冷却器最低处应设置自动或手动排水器，以排除冷凝水。水冷式后冷却器散热面积大、热交换均匀，适用于进口空气温度大于 100℃且空气量较大的场合。在使用过程中，要定期检查压缩空气的出口温度，发现冷却性能降低时，应及时找出原因予以排除。同时，要定期排放冷凝水，特别是冬季要防止水冻结。

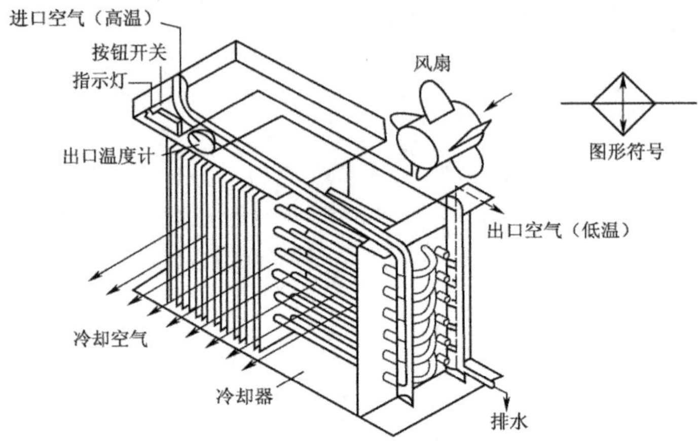

图 2-9　风冷式后冷却器的结构及工作原理

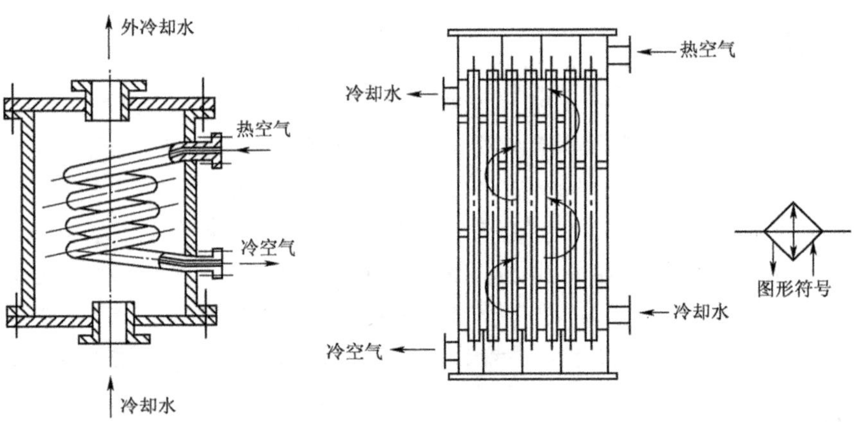

（a）蛇管式　　（b）列管式

图 2-10　水冷式后冷却器的结构及工作原理

2. 油水分离器

油水分离器安装在后冷却器之后的管道上，其作用是分离并排除压缩空气中所含的水分、油分和灰尘等杂质，使压缩空气得到初步净化。

撞击折回式油水分离器的结构如图 2-11（a）所示。当压缩空气自入口进入分离器后，气流受隔板 2 的阻挡被撞击而折回向下，继而又回升向上，产生环形回转，最后从输出管子排出。此间，压缩空气中的水滴、油滴和杂质受惯性力作用而分离析出，沉降于壳体底部，由放水阀 6 定期排出。旋转离心式油水分离器的结构如图 2-11（b）所示。当压缩空气进入分离器后即产生涡流，由于空气的回旋使压缩空气中的水滴、油滴和杂质因离心力作用被分离出来并附着在分离器的内壁而滴下，再由放水阀定期排出。

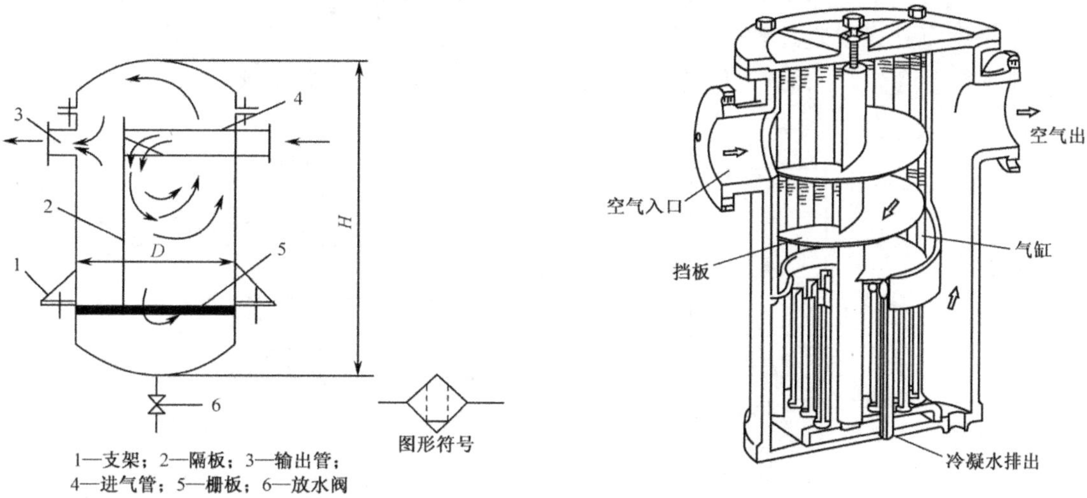

（a）撞击折回式油水分离器的结构　　（b）旋转离心式油水分离器的结构

图 2-11　油水分离器示意图

3. 干燥器

干燥器的作用是进一步除去压缩空气中含有的水蒸气。干燥器的结构示意图如图 2-12 所示。目前使用最广泛的是冷冻法和吸附法。

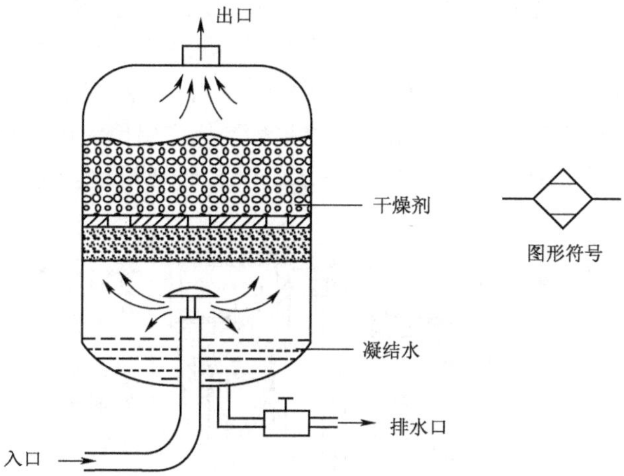

图 2-12　干燥器的结构示意图

冷冻法是利用制冷设备使压缩空气冷却到一定的露点温度，析出空气中的多余水分，从而达到所需要的干燥程度。

吸附法的除水效果较好。它是利用硅胶、活性氧化铝、焦炭或分子筛等具有吸附性能的干燥剂来吸附压缩空气中的水分，以达到干燥的目的。

4. 贮气罐

贮气罐的主要作用是消除气源输出气体的压力脉动；储存一定数量的压缩空气，解决短时间内用气量大于空气压缩机输出气量的矛盾，保证供气的连续性和平稳性，进一步分离压缩空气中的水分和油分。

贮气罐的安装有直立式和平放式。可移动式压缩机应水平安装；而固定式压缩机因空间大则多采用直立式安装。贮气罐安装示意图如图 2-13 所示。贮气罐上应配置安全阀、压力计、排水阀。容积较大的贮气罐应有入孔或清洗孔，以便检查和清洗。

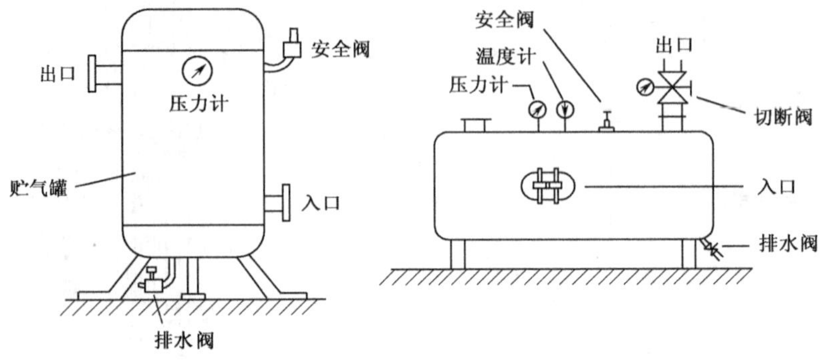

图 2-13　贮气罐安装示意图

5．空气过滤器

由外界吸入的灰尘、水分和压缩机所产生的油渣大部分已在进入干燥器以前除去，留存在压缩空气中的少部分尘埃、水分，尚需用空气过滤器加以清除。空气过滤器视工作条件可以单独安装，也可和油雾器、调压阀联合使用。使用时，宜安装在用气设备的附近。

空气过滤器的结构和工作原理图如图 2-14 所示。当压缩空气从输入口进入后被引进旋风叶片 1，在旋风叶片上冲制出许多小缺口，迫使空气沿切线方向产生强烈旋转，在空气中的水滴、油滴和杂质微粒由于离心力的作用被甩向存水杯 3 的内壁，沉积在存水杯底。然后，气体通过滤心 2，微粒灰尘被滤网拦截而滤除，洁净的空气从输出口流出。挡水板 4 能防止下部的液态水被卷回气流中。聚积在存水杯中的冷凝水，应及时通过手动放水阀或自动排水器 5 排出。

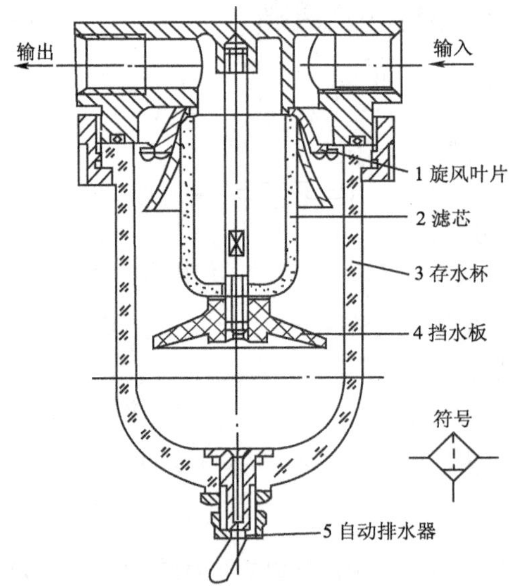

图 2-14　空气过滤器的结构和工作原理图

2.2.3　气源系统中的其他必备元件

1. 自动排水器

自动排水器用于自动排除管道低处、油水分离器、贮气罐及过滤器底部等处的冷凝水，可安装于不便于进行人工排污的地方，以防止人工排污水被遗忘而造成压缩空气被冷凝水重新污染。

浮子式自动排水器的外形图如图 2-15 所示。在无气压时，图 2-15（a）的排水口处于关闭状态，属于常闭型；图 2-15（b）的排水口处于开启状态，属于常开型。

自动排水器的排水口应垂直向下，安装排水管要避免上弯，如图 2-16（b）所示的是正确的结构，图 2-16（a）所示的是错误的结构。

（a）常闭型

（b）常开型

图 2-15　浮子式自动排水器的外形图

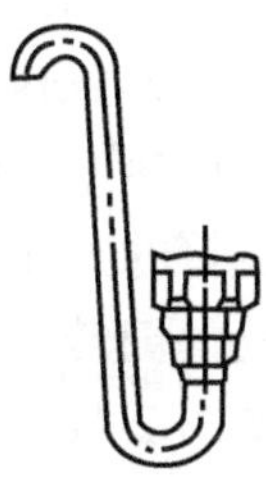

（a）错误的结构

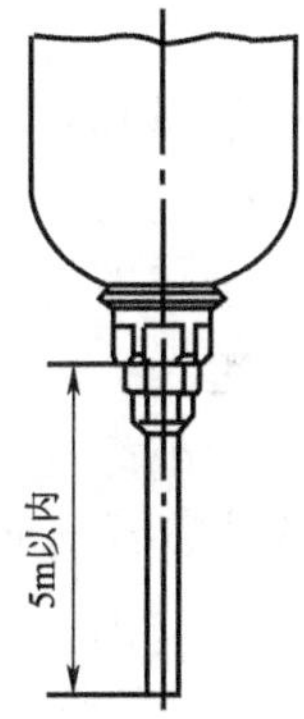

（b）正确的结构

图 2-16　自动排水器的排水管的结构图

2. 减压阀和压力计

空气压缩机产生的压缩空气通常储存在贮气罐内，再由管路输送到系统各处，贮气罐的压力通常比实际使用的压力要高，使用时必须根据实际使用条件而减压。而在各种气压控制中，都可能出现压力波动。若压力太高，将造成能量损失；太低的空气压力则出力不足，造成低效率。此外，压缩机开启和关闭所造成的压力波动对系统也有不良的影响。因此必须使用减压阀和调压阀。减压阀和调压阀虽功能不同，但实际结构却无差异。

减压阀按调节压力方式的不同可分为直动式和先导式两类。

直动式减压阀的工作原理图如图 2-17 所示。膜片上方承受弹簧弹力并与大气相通，膜片下方则受压缩空气的作用。当进口压力下降，弹簧弹力加上大气压力大于系统压力时，膜片被推向下方，膜片压迫阀杆下降，阀门打开的程度加大，允许更多压缩空气进入，提高了输出口处的压力。当进口压力升高，超过弹簧弹力和大气压力时，膜片被顶上，阀杆被底部另一个弹簧顶起，阀门打开的程度减小，进气量减少，降低了输出口压力。减压阀的输出压力是膜片上方的弹簧弹力与大气压力的总和，因此，调节弹簧的弹力，便控制了减压阀输出压力的大小。

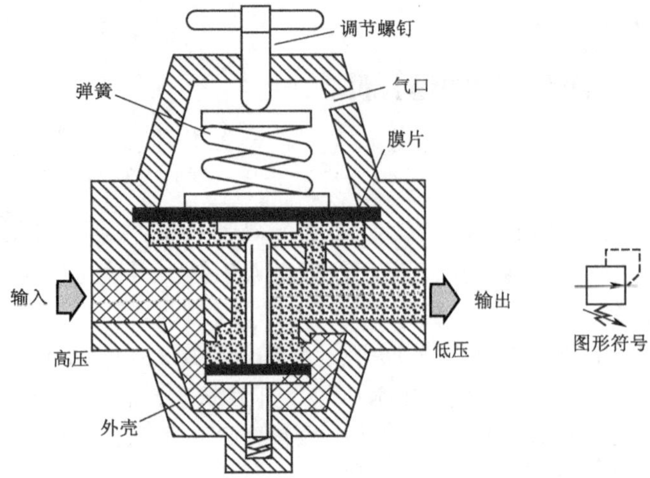

图 2-17　直动式减压阀的工作原理图

所有的减压阀上都装有压力计，用于指示流过减压阀的压缩空气的压力。常用的压力计是波顿管压力计。压力计的工作原理图如图 2-18（a）所示。波顿管压力计有一弧形波顿管 2，此管一端封闭，另一端开口接至系统管路上。当压缩空气进入波顿管内时，波顿管扩张，压力越大扩张的半径越大。管的封闭端向外移动，经由连接杆 3 使扇形齿轮 4 转动，扇形齿轮带动小齿轮 5 使指针 6 发生偏转，偏转角度正比于管路的压力，故由刻度盘 7 上可知压力的大小。压力计的外形图如图 2-18（b）所示。

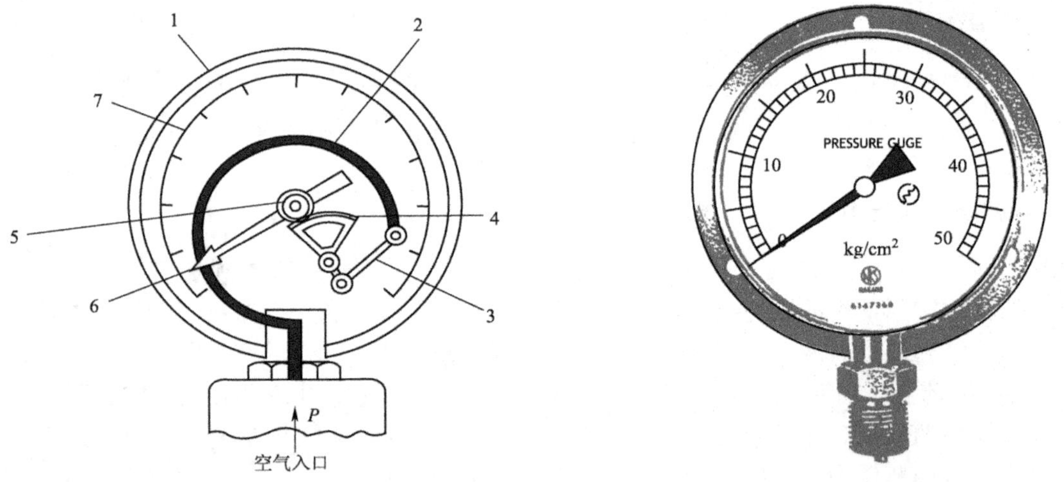

（a）工作原理图　　（b）外形图

1—外壳；2—波顿管；3—连接杆；
4—扇形齿轮；5—小齿轮；6—指针；7—刻度盘

图 2-18　压力计的工作原理与外形图

3．安全阀

安全阀用于防止系统内压力超过最大允许压力以保护回路或气压设备的安全。安全阀的工作原理与调压阀相似。控制系统的管道或容器直接与安全阀的 P 口接通，当系统内压力升高到弹簧调定值时，气体推开阀芯，经过阀口从 T 口排至大气，使系统压力下降。当压力低于调定值时，在弹簧作用下阀口关闭，使系统压力维持在安全阀调定压力值之下，从而保证系统不会因压力过高而发生事故。调整弹簧的压缩量，即可调节安全阀的开启压力。球阀式安全阀的调压范围较大，其工作原理如图 2-19（a）所示；膜片式安全阀的密封性好，压力损失较小，其工作原理如图 2-19（b）所示。

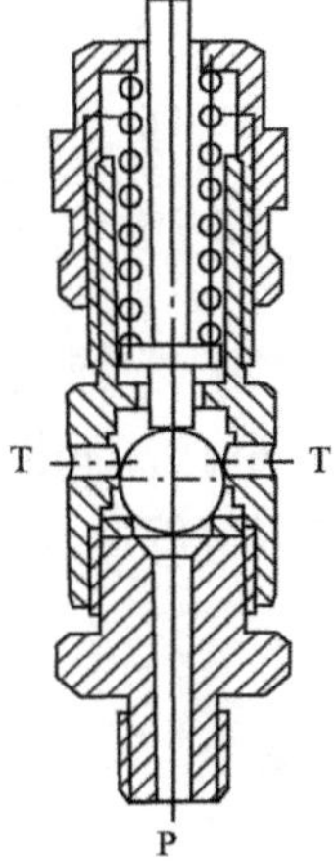

（a）球阀式

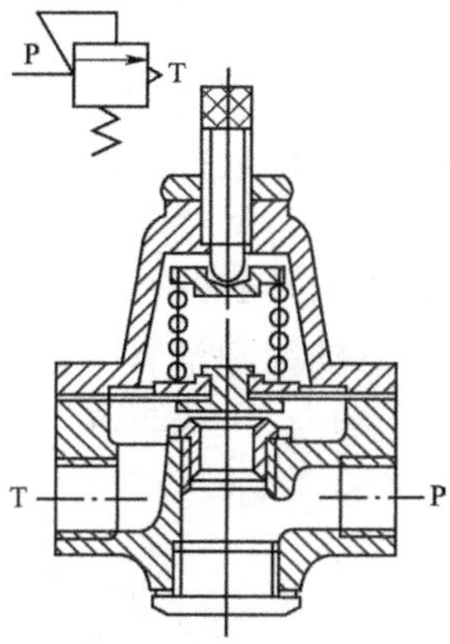

（b）膜片式

图 2-19　安全阀的工作原理

4．单向阀

为了防止因气源压力下降或因耗气量增大造成的压力下降而出现逆流，在贮气罐的输出端近处必须安装单向阀。单向阀只允许压缩空气单方向流动而不允许其逆向流动。

单向阀主要是利用圆锥、圆球、盘片或膜片作为止回块。单向阀的工作原理及外形图如图 2-20 所示。当气体正向流动时，进口气压推动止回块的力大于作用在止回块上的弹簧力，阀芯被推开，造成流通状态。而当压缩空气由输出口进入时，气体压力与弹簧力使止回块顶在阀座上而封闭了通道，气体不能流通。

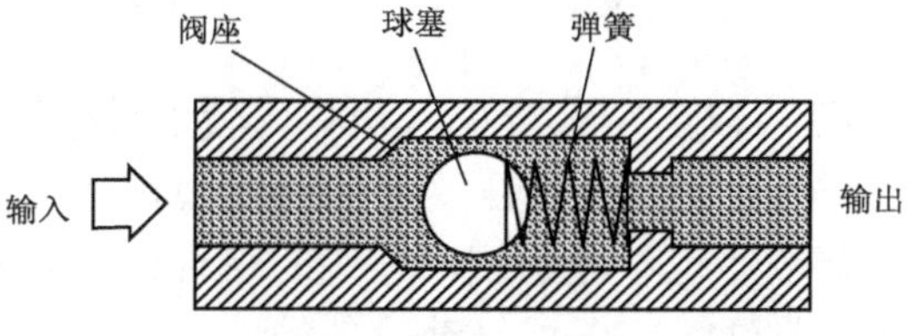

（a）流通时

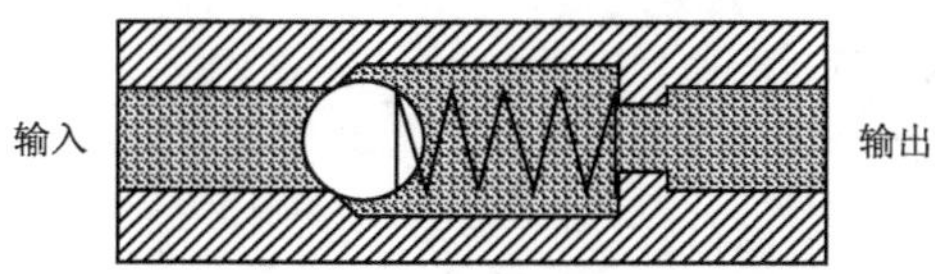

（b）逆流被阻挡

（c）外形图

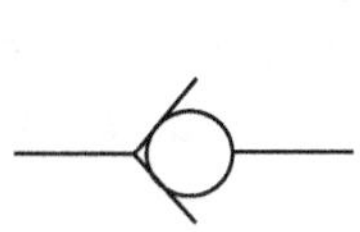

（d）图形符号

图 2-20　单向阀的工作原理及外形图

2.3 气源其他辅助元件

2.3.1 油雾器

气动元件内部有许多相对滑动的部分，因此必须保证良好的润滑效果。油雾器是一种特殊的注油装置，它将润滑油雾化并注入空气流中，随着压缩空气流入需要润滑的部位，以达到润滑的目的。

油雾器的工作原理如图 2-21（a）所示。压缩空气由输入口进入后，一部分进入油杯下腔，使杯内的油面受压，润滑油经吸油管上升到顶部小孔，润滑油滴进入主通道高速气流中，被雾化后从输出口输出。图中，“视油窗”上部的调节旋钮（节流阀）用于调整滴油量。油雾器的图形符号如图 2-21（b）所示。

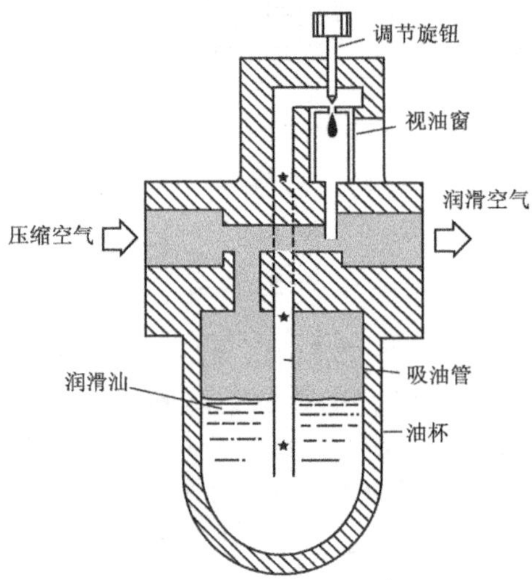

（a）工作原理

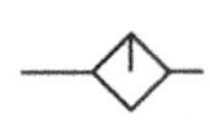

（b）图形符号

图 2-21 油雾器的工作原理与图形符号

油雾器一般应配装在空气过滤器和减压阀之后（以防止水分进入油杯内使油乳化），安装应尽量靠近换向阀，与阀的距离不超过 5m。空气过滤器、减压阀、油雾器被称为气动三大件，是气压传动系统中必不可少的元件，其安装顺序也不能颠倒，它们的组合件称为气源调节装置，其图形符号如图 2-22 所示。油雾器的供油量应根据气动设备的情况确定。一般情况下，以每 $10m^3$ 自由空气供给 $1cm^3$ 润滑油为准。

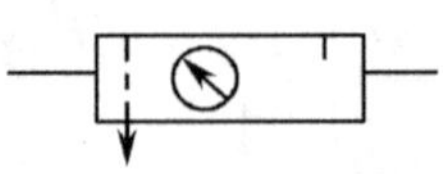

图 2-22 气源调节装置图形符号

2.3.2 消声器

气压传动系统一般不设置排气管道。当压缩空气急速由阀口排入大气时，常产生频率极高极刺耳的噪声。排气的速度和功率越大，则噪声越大，一般可达 100～120dB。这种噪声会降低人的工作效率，影响人体健康，所以必须在换向阀的排气口安装消声器来降低排气噪声。

消声器通过阻尼和增大排气面积来降低排气的速度和压力以降低噪声。图 2-23 所示为消声器的结构及工作原理图。消声器的阻尼材料由烧结塑胶制成。当排放的气体进入消声器内时，经由阻尼材料构成的曲折通道而降低流速和排气压力，使排气噪声减弱。

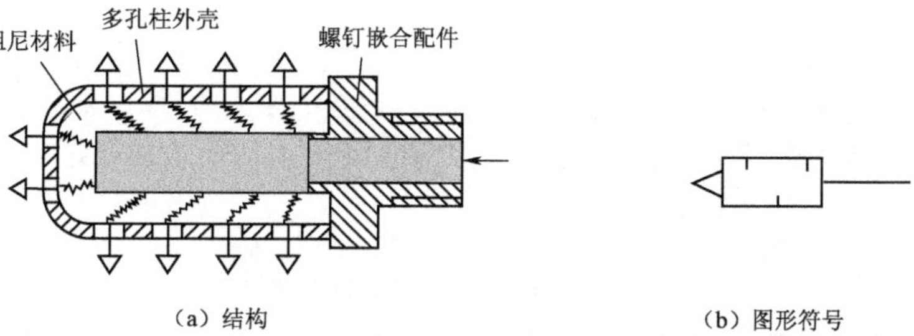

图 2-23　消声器的结构及工作原理图

2.3.3　气源设备的配置图

空气压缩机产生的压缩空气经一系列处理后进入气压系统中，到底哪些气压系统要加装干燥器，哪些要加装油雾器，可参考气源设备的配置图，如图 2-24 所示。

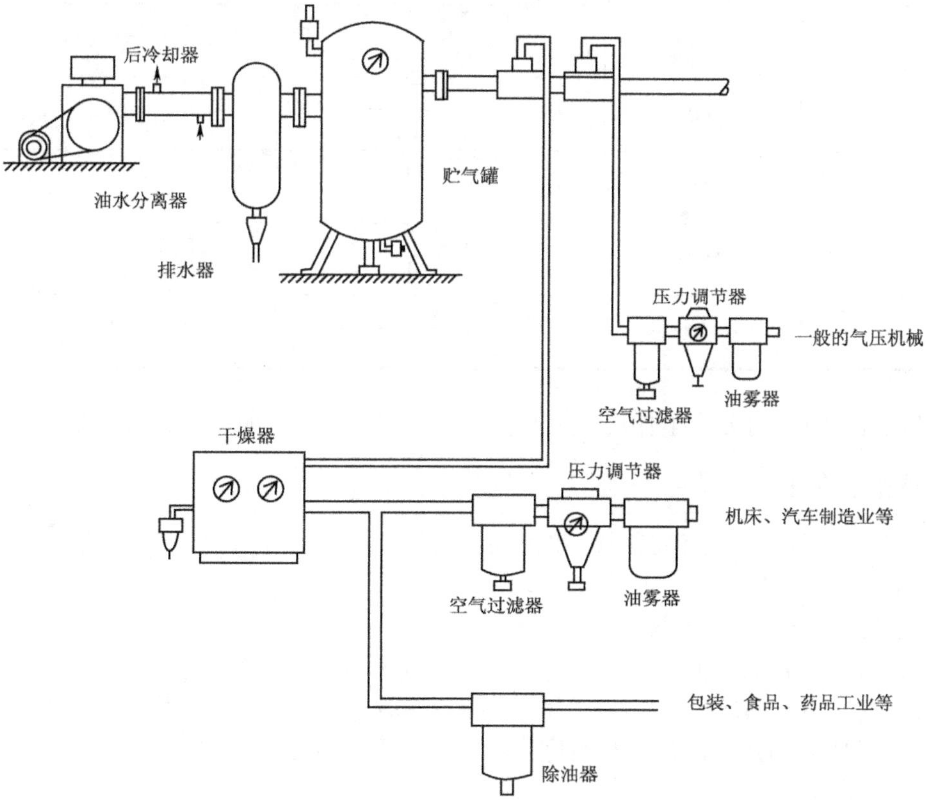

图 2-24　气源设备的配置图

2.4 气缸与气压马达

气缸与气压马达是气压传动中的执行元件，是将压缩空气的压力能转变为机械能的能量转换装置。气缸用于实现直线往复运动或摆动，气压马达则用于实现连续回转运动。

2.4.1 气缸

气缸是气压传动中最常用的一种执行元件。它具有结构简单、制造成本低、无污染、便于维修、动作迅速等优点。它的结构形状根据使用条件不同，具有多种类型。表 2-3 列出了气缸的主要分类方法和类型。

表 2-3　气缸的主要分类方法和类型

分类		图形符号	功能
按活塞的形式分类	活塞式	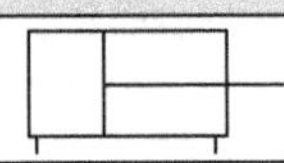	最普通的气缸形式，可分为单动、双动、差动形式
	柱塞式	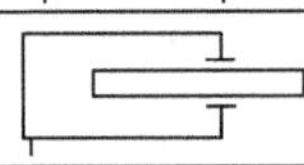	杆需要精加工，缸壁不需要精加工，一般只能单向运动
	膜片式	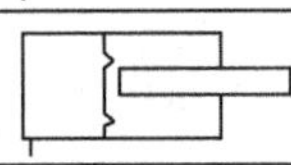	膜片变形驱动活塞杆移动
按活塞杆的形式分类	单杆	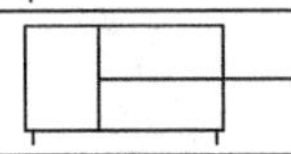	活塞的单侧有活塞杆
	双杆	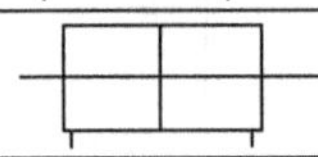	活塞的两侧都有活塞杆
按有无缓冲装置分类	无缓冲	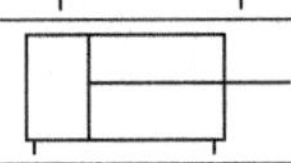	没有缓冲装置
	单侧缓冲	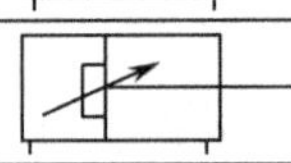	单侧装有缓冲装置
	双侧缓冲	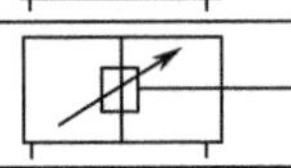	两侧装有缓冲装置

气缸按进气方式可分为单作用气缸和双作用气缸。关于气缸的介绍如下所述。

1. 单作用气缸

单作用气缸是指压缩空气在气缸的一端进气推动活塞运动，而活塞的返回则借助其他外力，如重力、弹簧力。

（1）活塞式气缸

活塞式气缸有弹簧压回型和弹簧压出型，分别如图 2-25（a）和（b）所示。压回型是 A 口进气，气压力驱动活塞克服弹簧力和摩擦力使活塞杆伸出；A 口排气，弹簧力使活塞杆收回。压出型是 A 口进气，活塞杆收回；A 口排气，弹簧使活塞伸出。

活塞式气缸的特点如下：

① 由于单边进气，故结构简单，耗气量小；

② 缸内安装了弹簧，缩短了活塞的有效行程；

③ 弹簧的弹力随其变形大小而发生变化，故活塞杆推力和运动速度在行程中有变化；

④ 弹簧具有吸收动能的能力，因而减小了活塞杆的输出推力。

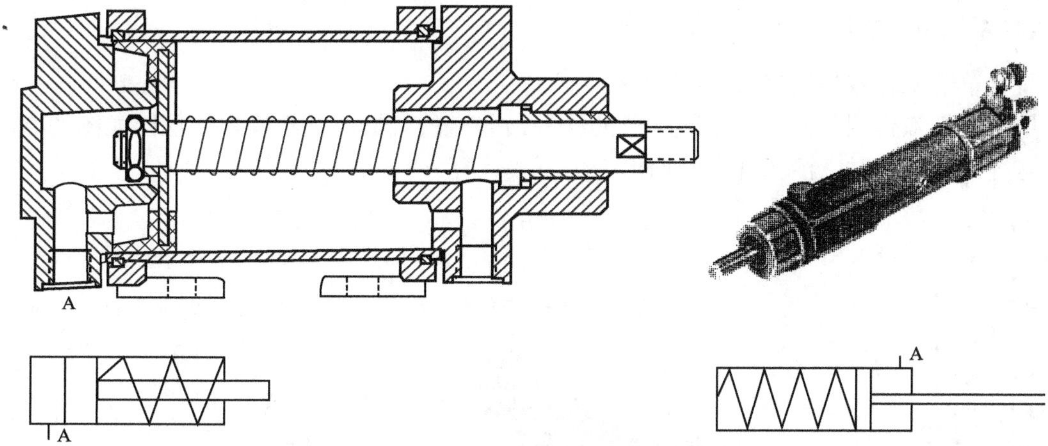

（a）弹簧压回型　　（b）弹簧压出型

图 2-25　活塞式气缸的结构与外观图

单作用气缸一般用于行程短且对输出力和运动速度要求不高的场合，如定位和夹紧装置等。

当气缸工作时，活塞杆上输出的推力必须克服弹簧的弹力及各种阻力，推力公式为

$$F=\frac{\pi}{4}D^2p\eta-F_1$$

式中　F——活塞杆的推力（工作负载）（N）；

D——活塞直径（m）；

p——气缸工作压力（Pa）；

F_1——弹簧弹力（N）；

η——考虑总阻力损失时的效率，一般η为 0.7～0.8。当活塞运动速度 v <0.2m/s 时取大值；当 v>0.2m/s 时取小值。

【例2-1】 单作用气缸内径为 63mm，复位弹簧最大弹力为 150N，工作压力为 0.5MPa，负载效率为 0.8。试求气缸的推力为多少？

解： 气缸推力

$$F=\frac{\pi}{4}D^2p\eta-F_1=\frac{\pi}{4}\times\left(63\times10^{-3}\right)^2\text{ m}^2\times0.5\times10^6\text{ Pa}\times0.8-150\text{N}=1\,096.27\text{N}$$

（2）膜片式气缸

膜片式气缸如图 2-26 所示。它由膜片取代了活塞，活塞杆连接在膜片的正中央。气缸利用膜片的变形使活塞杆前进，活塞杆的位移较小。

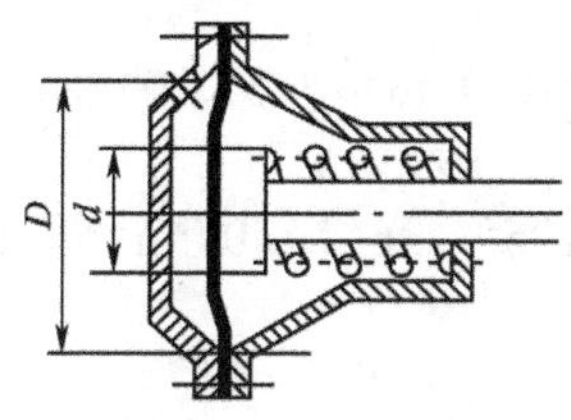

图 2-26　膜片式气缸

这种气缸的特点是结构紧凑，质量轻，维修方便，密封性能好，制造成本低。广泛应用于生产过程的调节器上。

2．双作用气缸

（1）单活塞杆双作用气缸

单活塞杆双作用气缸是使用最广泛的一种最普通的气缸，其结构与外形图如图 2-27 所示。这种气缸工作时，活塞杆上的输出力用下式计算。

$$F_1=\frac{\pi}{4}D^2p\eta$$

$$F_2=\frac{\pi}{4}(D^2-d^2)p\eta$$

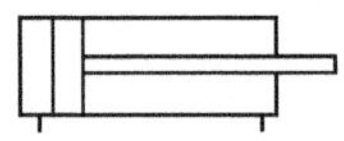

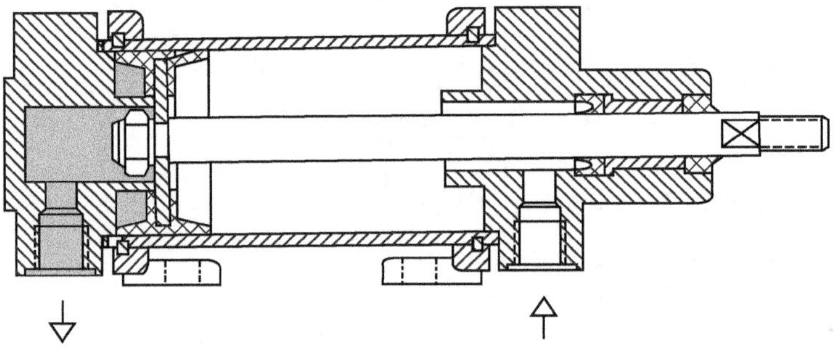

图 2-27　单活塞杆双作用气缸的结构与外形图

式中　F_1——当无杆腔进气时，活塞杆的输出力（N）；

F_2——当有杆腔进气时，活塞杆的输出力（N）；

D、d——活塞和活塞杆直径（m）；

p——气缸作用压力（Pa）；

η——考虑总阻力损失时的效率，一般η为 0.7～0.8。当活塞运动速度 $v<0.2$m/s 时，取大值；当 $v>0.2$m/s 时，取小值。

【例2-2】 单杆双作用气缸内径为 125mm，活塞杆直径为 36mm，工作压力为 0.5MPa，气缸负载效率为 0.7，试求该气缸两方向的推力各为多少？

解： 气缸推力

$$F_1=\frac{\pi}{4}D^2p\eta=\frac{\pi}{4}\times\left(125\times10^{-3}\right)^2\ \text{m}^2\times0.5\times10^6\ \text{Pa}\times0.7=4\ 293\ \text{N}$$

$$F_2=\frac{\pi}{4}(D^2-d^2)p\eta=\frac{\pi}{4}\left(125^2-36^2\right)\times10^{-6}\ \text{m}^2\times0.5\times10^6\ \text{Pa}\times0.7=3\ 937\text{N}$$

（2）双活塞杆双作用气缸

双活塞杆双作用气缸的结构与单活塞杆双作用气缸基本相同，只是活塞两侧都装有活塞杆，其结构和图形符号如图 2-28 所示。因两端活塞杆直径相同，所以活塞往复运动的速度和输出力相等，这种气缸使用得较少，常用于气动加工机械及包装机械设备上。

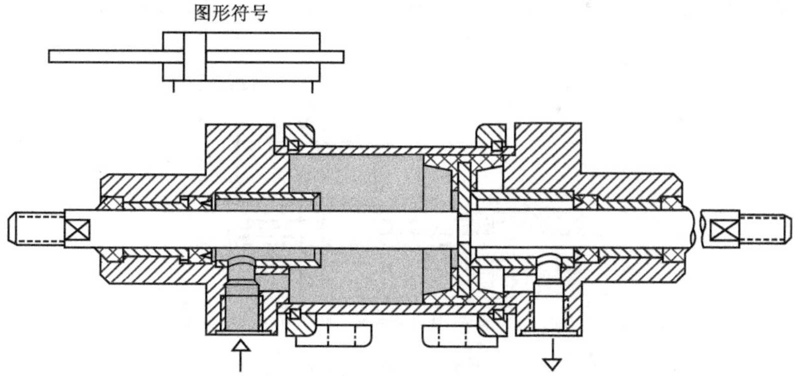

图 2-28　双活塞杆双作用气缸的结构与图形符号

（3）缓冲气缸

气缸在行程末端的运动速度较大时，为了防止活塞与气缸端盖发生碰撞，必须设置缓冲装置。其结构如图 2-29 所示。气缸两侧都设置了缓冲装置，在活塞到达行程终点前，缓冲柱塞将柱塞孔堵死。当活塞再向前运动时，被封闭在缸内的空气因被压缩而吸收运动部件的惯性力所产生的动能，从而使运动速度减慢。在实际应用中，常使用节流阀将封闭在气缸内的空气缓慢地排出。当活塞反向运动时，压缩空气经单向阀进入气缸，因而能正常启动。

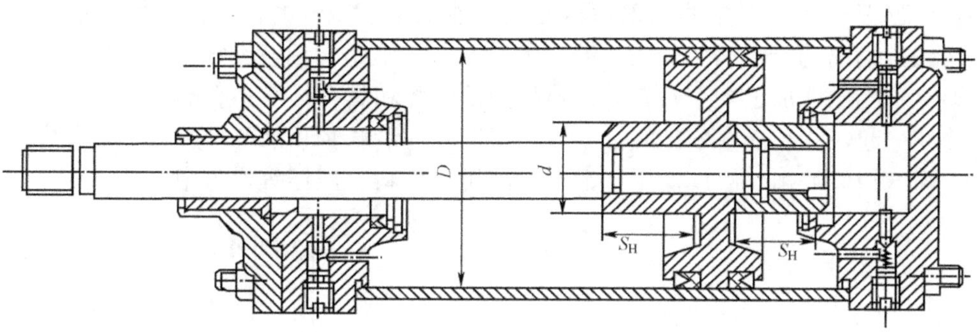

图 2-29　缓冲气缸的结构图

调节节流阀打开的程度，可调节缓冲效果，控制气缸行程终端的运动速度，因而称为可调缓冲气缸，若为固定节流口，其开口度不可调，即为不可调缓冲气缸。

3．其他常用气缸

（1）气液阻尼缸

气液阻尼缸由气缸和液压缸组合而成，以压缩空气为动力，利用油液的不可压缩性和控制流量来获得活塞的平稳运动并调节活塞的运动速度。与普通气缸相比，它传动平稳、定位精确、噪声小；与液压缸相比，它不需要液压源且经济性好。由于它同时具有气缸和液压缸的优点，因此得到了越来越广泛的应用。串联型气液阻尼缸的工作原理图如图 2-30 所示。它将液压缸和气缸串联成一个整体，两个活塞固定在一根活塞杆上。当气缸右腔供气时，活塞克服外载并带动液压缸活塞向左运动。此时液压缸左腔排油，油液只能经节流阀 1 缓慢流回右腔，对整个活塞的运动起到阻尼作用。因此，调节节流阀就能达到调节活塞运动速度的目的。当压缩空气进入气缸左腔时，液压缸右腔排油，此时单向阀 3 开启，活塞能快速返回。油箱 2 的作用只是用来补充液压缸因泄漏而减少的油量，因此改用油杯也可以。

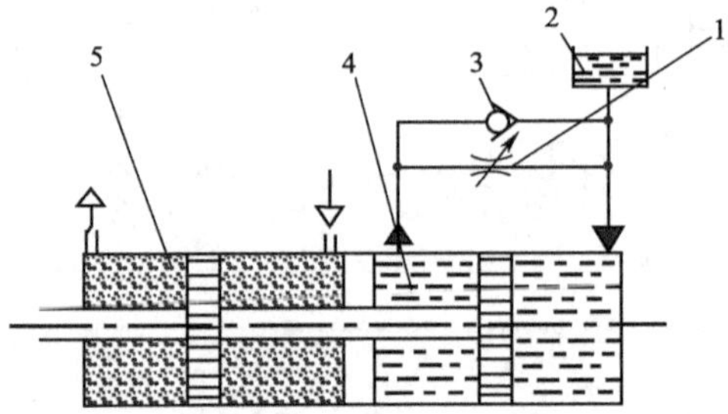

1—节流阀；2—油箱；3—单向阀；4—液压缸；5—气缸

图 2-30　串联型气液阻尼缸的工作原理图

（2）摆动气缸

摆动气缸是将压缩空气的压力能转变为气缸输出轴的有限回转机械能的一种气缸。它多用于安装位置受到限制或转动角度小于 360° 的回转工作部件，如夹具的回转、阀门的开启、转塔车床转塔刀架的转位和自动线上物料的转位等场合。单叶片摆动气缸的工作原理图如图 2-31 所示。定子 3 与缸体 4 固定在一起，叶片 1 和转子 2（输出轴）连接在一起。当左腔进气时，转子顺时针转动；反之，转子则逆时针转动。

（3）冲击气缸

冲击气缸是一种较新型的气动执行元件，能把压缩空气的压力能转换为活塞、活塞杆的高速运动，输出动能，产生较大的冲击力。冲击气缸结构示意图如图 2-32 所示。冲击气缸与普通气缸相比增加了一个具有一定容积的蓄能腔和具有排气小孔的中盖 2，中盖 2 与缸体 1 固连在一起，它与活塞 6 把气缸分隔成蓄能腔、活塞腔和活塞杆腔三部分，中盖 2 中心开有一个喷气口。冲击气缸广泛用于锻造、冲压、下料、压坯等设备中。

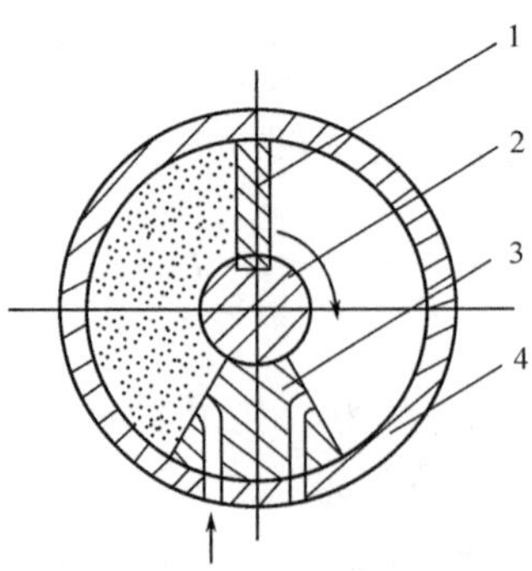

1—叶片；2—转子；3—定子；4—缸体

图 2-31　摆动气缸的工作原理图

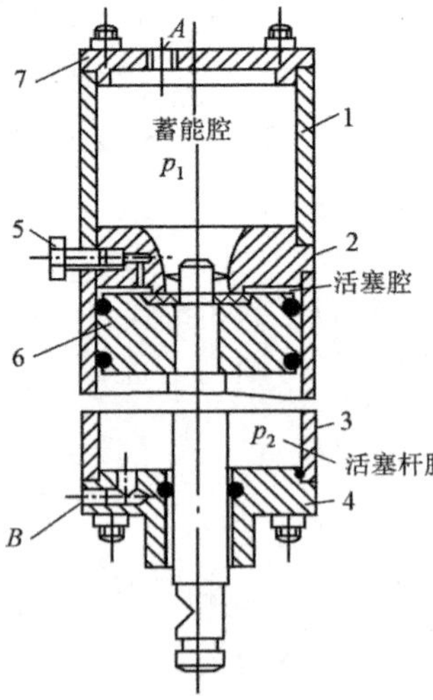

1，3—缸体；2—中盖；
4，7—端盖；5—排气塞；6—活塞

图 2-32　冲击气缸结构示意图

4. 标准化气缸简介

（1）标准化气缸的主要参数

标准化气缸的主要参数是缸径 *D* 和行程 *L*。因为在一定的气源压力下，缸径 *D* 标记气缸活塞杆的理论输出力，行程 *L* 标记气缸的作用范围。

（2）标准化气缸的标记和系列

标准化气缸使用的标记是用符号“QG”表示气缸，用符号“A、B、C、D、H”表示五种系列。具体的标记方法是

QG	A、B、C、D、H	缸径×行程

五种标准化气缸系列为：

QGA——无缓冲普通气缸；

QGB——细杆（标准杆）缓冲气缸；

QGC——粗杆缓冲气缸；

QGD——气液阻尼缸；

QGH——回转气缸。

例如，气缸标记为 QGA100×125，表示直径为 100mm、行程为 125mm 的无缓冲普通气缸。

标准化气缸系列有 11 种规格：

缸径 *D*/mm：40, 50, 63, 80, 100, 125, 160, 200, 250, 320, 400；

行程 *L*/mm：无缓冲气缸 $L=(0.5\sim2)D$；有缓冲气缸 $L=(1\sim10)D$。

5. 气缸的缓冲方式和缓冲原理

气缸的缓冲方式和缓冲原理见表 2-4。活塞运动到行程终端的速度较大，为防止活塞撞击端盖造成气缸损伤并降低撞击噪声，在气缸行程终端一般都设有缓冲器。

表 2-4　气缸的缓冲方式和缓冲原理

缓冲方式		缓冲原理	适合气缸
固定缓冲	无缓冲		微型缸、小型单作用气缸和中小型薄型缸
	垫缓冲	在活塞两侧设置聚氨酯橡胶垫吸收动能	缸速不大于 750mm/s 的中小型气缸和缸速不大于 1 000mm/s 的单作用气缸
可调缓冲	气缓冲	将活塞运动的动能转换成封闭气室内的压力能	缸速 $v\leqslant500$mm/s 大中型气缸和 $v\leqslant1\ 000$mm/s 的中小型气缸
	设置液压缓冲器	将活塞运动的动能传递给液压缓冲器，转换成热能和油液的弹性能	缸速 $v>1\ 000$mm/s 的气缸和缸速不大的高精度气缸

按不同的分类方式，缓冲还可分为单侧（杆侧或无杆侧）缓冲和双侧缓冲；固定缓冲（例如，垫缓冲、固定节流孔缓冲）和可调缓冲。

6. 气缸的维护

① 要使用清洁干燥的压缩空气，空气中不得含有机溶剂的合成油、盐分、腐蚀性气体等，以防止缸、阀动作不良。

② 给油润滑气缸应配置流量合适的油雾器；不给油润滑气缸因缸内预加了润滑脂，则可以长期使用。

③ 缸筒和活塞杆的滑动部位不得受损伤，以防止气缸动作不良、损坏活塞杆密封圈等造成漏气。

④ 缓冲阀处应留出适当的维护调整空间，而磁性开关等应留出适当的安装调整空间。

⑤ 气缸若长期放置不用，应一个月动作一次，并涂油保护以防锈。

⑥ 若气缸用于工作频繁、振动大的场合，安装螺钉和各个连接部位要采用防松措施。

2.4.2 气压马达

气压马达属于气动执行元件，它把压缩空气的压力能转换为机械能，实现回转运动并输出力矩，驱动构件进行旋转运动。

早期，气压马达一般被用在矿坑、化学工厂、船舶等易发生爆炸的场所以取代电动马达。近年来由于低速高扭矩型气压马达的问世，气压马达在其他领域的需求也在不断增加。各种类型气压马达的实物外观图和图形符号如图 2-33 所示。

图 2-33 各种类型气压马达的实物外观图和图形符号

1．气压马达的分类

气压马达因结构不同，可分为容积型和速度型，如图 2-34 所示。容积型气压马达是利用压力空气的压力能量；速度型气压马达是利用压力和速度的能量。容积型气压马达使用在一般机械上；速度型气压马达用在超高速回转装置上。

（1）叶片式气压马达

叶片式气压马达的旋转转子的中心和外毂中心有一个偏心量，转子上有槽孔，叶片（3～10 片）插入转子圆周的槽孔内。叶片在径向方向滑动并与内毂表面密封，利用流入叶片和叶片之间的空气使转子旋转。槽孔底部装有弹簧或加以预紧力以使叶片在马达启动之前得以与内毂表面密接，适当的离心力更可得到较好的气密性。叶片式气压马达的结构示意图如图 2-35 所示。

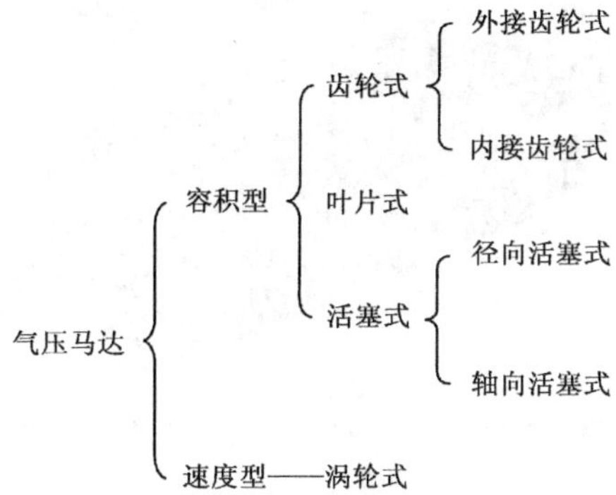

图 2-34　气压马达的分类

叶片式气压马达构造简单，价格低廉，适用于中容量高速的地方。

（2）齿轮式气压马达

齿轮式气压马达是使压缩空气作用在两个啮合的齿轮的齿廓，迫使齿轮旋转产生扭矩。齿轮式气压马达可作为极高功率（44kW）的传动机器使用，正逆转容易。最高转速可达 10 000 r/min。齿轮式气压马达结构示意图如图 2-36 所示。

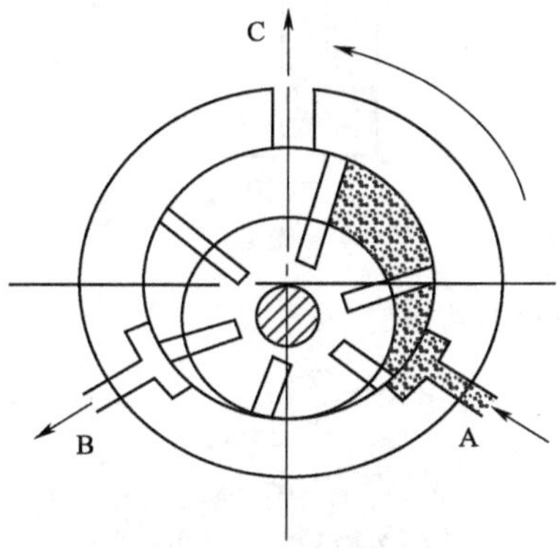

图 2-35　叶片式气压马达结构示意图

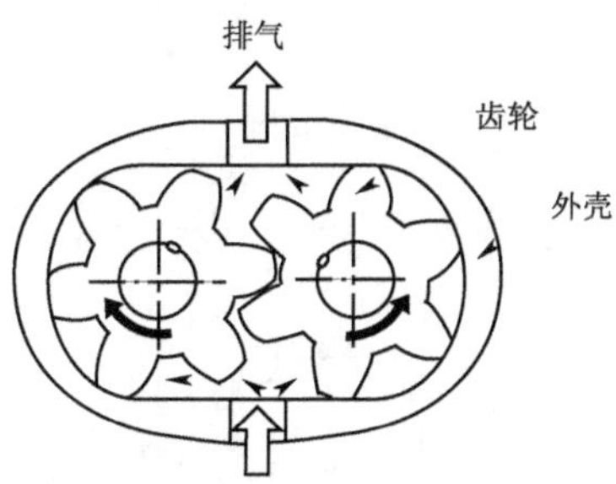

图 2-36　齿轮式气压马达结构示意图

（3）活塞式气压马达

活塞式气压马达是利用压缩空气作用在活塞端面上，借助连杆、曲轴等构件将活塞力转变为马达轴的回转，其输出功率的大小与输入空气压力、活塞的数目、活塞面积、行程长度、活塞速度等因素有关。

活塞式气压马达一般用在中、大容量及需要低速回转的地方，启动扭矩较好。依其构造，可分为轴向活塞式和径向活塞式两种，其结构图分别如图 2-37 和图 2-38 所示。

（4）涡轮式气压马达

涡轮式气压马达如图 2-39 所示。压缩空气直接吹在轮叶上，将压缩空气的速度能和压力能转变为回转运动。涡轮式气压马达一般用于高速低转矩的场合，其速度可达到 2 000～4 000r/min。牙医使用的气钻，其转速可达到 15 000r/min。

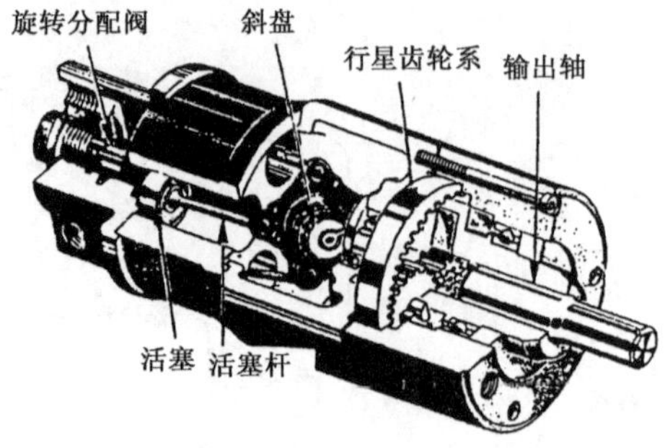

图 2-37　轴向活塞式气压马达的结构图

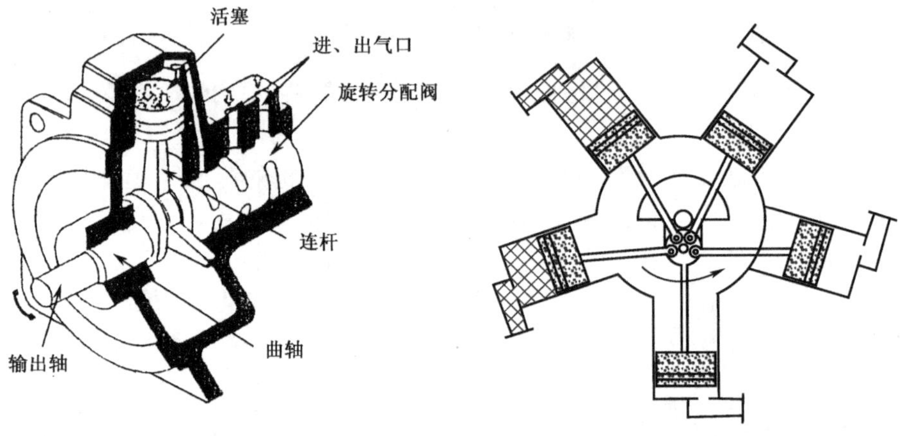

（a）结构图　　（b）示意图

图 2-38　径向活塞式气压马达的结构图

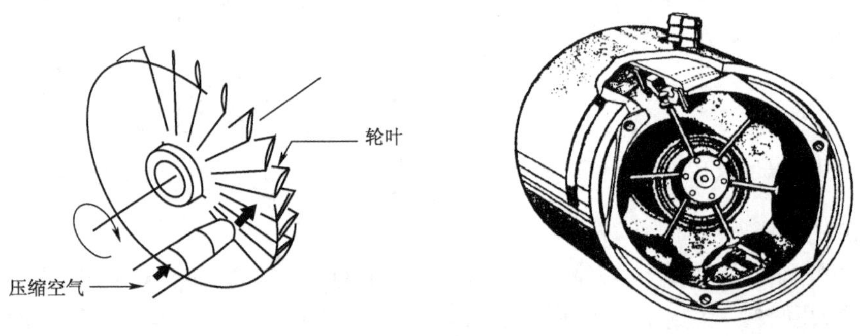

图 2-39　涡轮式气压马达

2．气压马达的特点

① 具有过载保护作用。过载时马达降低转速或停止，过载解除后即可重新正常运转。

② 可以实现无级调速。通过调节节流阀的打开程度控制调节压缩空气的流量，就能控制调节马达的转速。

③ 能够正反向旋转。改变进气和排气方向就能实现马达正反向的转换，而且换向时间短、冲击小。

④ 启动力矩较高。可直接带动负载启动，启停迅速，而且可长时间满载运行，温升较小。

⑤ 工作安全且能适应恶劣的工作环境。在易燃、易爆、高温、振动、潮湿、粉尘等不利条件下都能正常工作。

⑥ 功率范围及转速范围较宽，功率小到几百瓦，大到几万瓦。

⑦ 耗气量大，效率低，噪声大。

3. 气压马达的选择方法和使用要求

（1）气压马达的选择

不同类型的气压马达具有不同的特点和适用范围，主要根据负载的状态要求来选择适用的气压马达。不同类型的气压马达的特点和适用范围见表 2-5。

表 2-5　常用气压马达的特点和适用范围

类　型	转　矩	速　度	功　率	适 用 范 围
叶片式	低转矩	高速度	小	适用于低转矩、高转速的场合，例如，手提工具、传送带、升降机等中小功率的机械
齿轮式	中高转矩	低速和中速	大	适用于中高转矩和中低速场合
活塞式	中高转矩	低速和中速	大	适用于中高转矩和中低速场合，例如，起重机、绞架、绞盘、拉管机等载荷较大且启动要求高的机械
涡轮式	低转矩	高速度	小	适用于高速、低转矩的场合

（2）气压马达的使用要求

① 应不间断地进行润滑，否则会因发热而降低功率。

② 应尽量减小排气一侧的背压。

2.5 操作训练

2.5.1 训练项目

气源装置的元件组合示意图（如图 2-40 所示）。

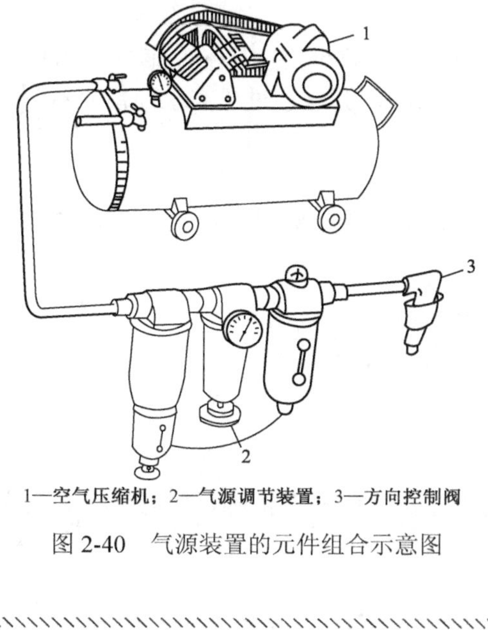

1—空气压缩机；2—气源调节装置；3—方向控制阀

图 2-40　气源装置的元件组合示意图

2.5.2 训练目的

① 熟悉气源装置的元件组合及功能；
② 熟悉空气压缩机的运转操作；
③ 熟悉系统压力的调整操作；
④ 熟悉气源装置的日常维护。

2.5.3 原理说明

1. 气源装置的元件组合及功能

一般的气源装置的元件组合见表2-6，各元件功能参见本章相关内容。

表2-6 气源装置的元件组合

编号	名称	组合
1	空气压缩机	含过滤器、压缩机、电动机、冷却器、止回阀、排水器、贮气罐、溢流阀、压力计
2	气源调节装置	含过滤器、减压阀、油雾器
3	方向控制阀	两位三通换向阀

2. 空气压缩机的使用

① 蓄气。蓄气前应确定空气压缩机的排水口已拴紧；贮气罐未蓄满；电动机的转向正确。

② 供气。贮气罐中贮存的压缩空气经供气口输送到气压系统，供气口装有止回阀，打开止回阀，气体就可送出，关闭止回阀，供气口则被封闭。

③ 排水。贮气罐中累积的水分，可从排水器中排放。但需待贮气罐中无压缩空气时再进行排放。

3. 气压调源调节装置

① 过滤和排水。过滤器中的滤筒积聚过多的杂质会影响空气的流通，必须取下过滤器进行清洗或更换。过滤器中沉积的水分在超过最高水面前必须排放出，否则会被压缩空气带入系统中。

② 调压。减压阀调压。

③ 加油雾。若油雾器中的润滑油不够时，可由加油柱加入润滑油，润滑油的运动黏度为 $(12\sim30)\times10^{-6}m^2/s$。

2.5.4 操作参考步骤

1. 蓄气操作

① 关闭贮气罐排气口。

② 启动电动机，观察压缩机转向是否正确，若转向错误，关掉电源，更换电动机任意两条电线，再启动电动机。

③ 观察空气压缩机压力表指针指示值的变化并记录在表格中。
④ 当压力表指示为 4 kgf/cm^2 时，关掉电源。

2．系统压力调整

① 关闭方向控制阀，打开贮气罐的排气口使压缩空气进入气源调节装置。
② 逆时针旋转减压阀，观察减压阀所附压力表的压力变化并作好记录。
③ 顺时针旋转减压阀，观察减压阀所附压力表的压力变化并作好记录。
④ 调整减压阀，使系统压力为 2 kgf/cm^2 并观察压缩机的压力是否与它相同。
⑤ 打开方向控制阀，观察压缩空气是否溢出，观察和记录各压力表的压力值。
⑥ 关闭方向控制阀。

3．关闭

① 关闭贮气罐排气口。
② 打开方向控制阀，观察从排气口到气源调节装置的管路中压缩空气是否溢出，并观察减压阀上压力表的压力变化。

2.5.5　操作结果记录

在操作过程中，将观察结果记录在表 2-7 中。压力的变化在相应选项的框格中打“√”。

表 2-7　操作结果记录表

操　　作	空气压缩机压力	系 统 压 力
蓄气操作	□上升　　□不变	
逆时针旋转减压阀	□上升　□不变　□下降	□上升　□不变　□下降
顺时针旋转减压阀	□上升　□不变　□下降	□上升　□不变　□下降
调整减压阀	□ kgf/cm^2	□ kgf/cm^2
打开方向控制阀	□ kgf/cm^2	□ kgf/cm^2
关闭供气口	□不变　□下降至 0	□不变　□下降至 0

2.5.6　分析与思考

① 绘出气源装置系统图，说明各元件功能。
② 为何空气压缩机蓄气时，在贮气罐中会累积水分？
③ 贮气罐内的空气压力在蓄气过程中如何变化？
④ 实验中，若空气压缩机输出的压缩空气压力不足 2kgf/cm^2 或不供应压缩气体，系统压力如何变化？减压阀起不起作用？

习题 2

（1）气压传动系统由哪几部分组成？
（2）通常所说的气动三大件是指哪些元件？
（3）试说明标记 QGD100×200 的含义。

（4）气源装置的组成和布置示意图如图 2-41 所示。试作答：

① 画出元件 2, 3, 5, 6, 8 的图形符号。

② 试说明元件 1, 2, 3, 4, 5, 6 的作用。

③ 元件 4 和 7 中的压缩空气分别可用于何种气压系统？

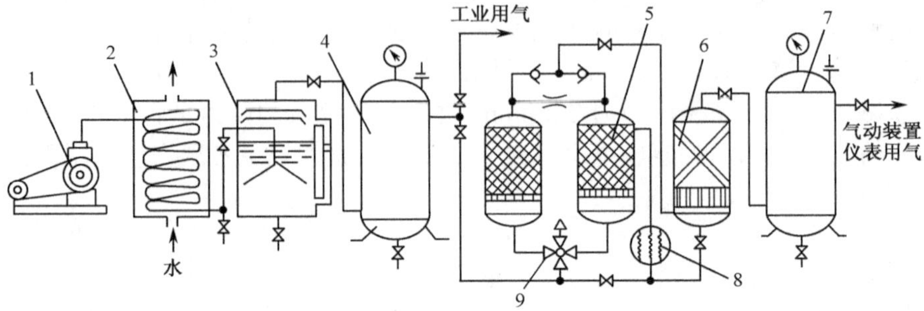

1—空气压缩机；2—冷却器；3—油水分离器；4，7—贮气罐；
5—干燥器；6—过滤器；8—加热器；9—四通阀

图 2-41 气源装置的组成和布置示意图

（5）油雾器安装时应注意什么？

（6）气缸有哪些种类？各有哪些特点？

（7）串联式气液阻尼缸的工作原理图如图 2-42 所示。试回答：

① 气液阻尼缸由什么组合而成？动力缸是什么？阻尼缸是什么？

② 气液阻尼缸有何优点？如何实现？

③ 使用中如何考虑到泄漏的影响？

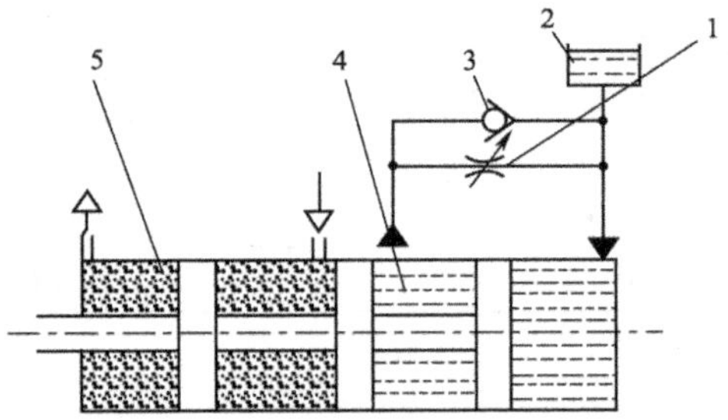

1—节流阀；2—油箱；3—单向阀；4—液压缸；5—气缸

图 2-42 气液阻尼缸的工作原理图

（8）单作用气缸的内径 D=63mm，复位弹簧的最大反力为 150 N，工作压力 p=0.5MPa，气缸效率为 0.4，该气缸的推力为多少？

第3章

气动基本回路和控制阀

为完成各种不同的控制功能，机械设备的气压传动系统有不同的组织形式。但不论气压传动系统如何复杂，它们都是由一些气动基本回路组成的。熟悉和掌握这些基本回路的结构组成、工作原理和功能，是分析、使用和维护气压传动系统的基础。

本章重点：

（1）气动换向回路的工作原理、作用和相关控制阀的功能；

（2）压力控制回路的工作原理、作用和相关控制阀的功能；

（3）速度控制回路的工作原理、作用和相关控制阀的功能；

（4）气动逻辑回路的组成和逻辑元件的作用；

（5）其他常用的基本回路的应用。

3.1 气动基本回路概述

所谓气动基本回路就是能完成某种特定控制功能的气压元件和管道的组合。气动基本回路包括控制气压执行元件运动方向的方向控制回路、控制气压执行元件运动速度的速度控制回路、控制气压系统全部或局部压力的压力控制回路及具有特殊功能的控制回路。

气动实验回路的示意图如图 3-1 所示。下面进行该回路的实验操作。

3.1.1 实验步骤

① 参考如图 3-1（a）所示的结构组合图完成回路的装配。

② 打开气压源的开关使压缩空气进入系统中。若有漏气，立刻关闭开关，进行检查并调整。

③ 按压按钮开关不放，观察气缸活塞杆的运动情况。

④ 调整元件 5 和 6（单向节流阀），观察气缸活塞杆运动速度的变化。

⑤ 松开按钮开关，观察活塞杆的运动情况。

⑥ 调整单向节流阀 5 和 6，观察气缸活塞杆运动速度的变化。

⑦ 关闭气压源。

3.1.2 实验分析

由实验可知，如图 3-1 所示，当按下元件 4 的按钮时，活塞杆推出；松开按钮开关，活塞杆缩回。元件 4 控制了气缸活塞杆的运动方向。单向节流阀 5 和 6 分别控制活塞杆的推出速度和缩回速度。在该回路中，包含了控制活塞杆运动方向的方向控制回路，其核心元件为元件 4 和元件 2；还包括了控制活塞杆运动速度的速度控制回路。其核心元件为单向节流阀 5 和 6。下面将介绍不同功能的换向回路及其相关核心元件的结构和功能。

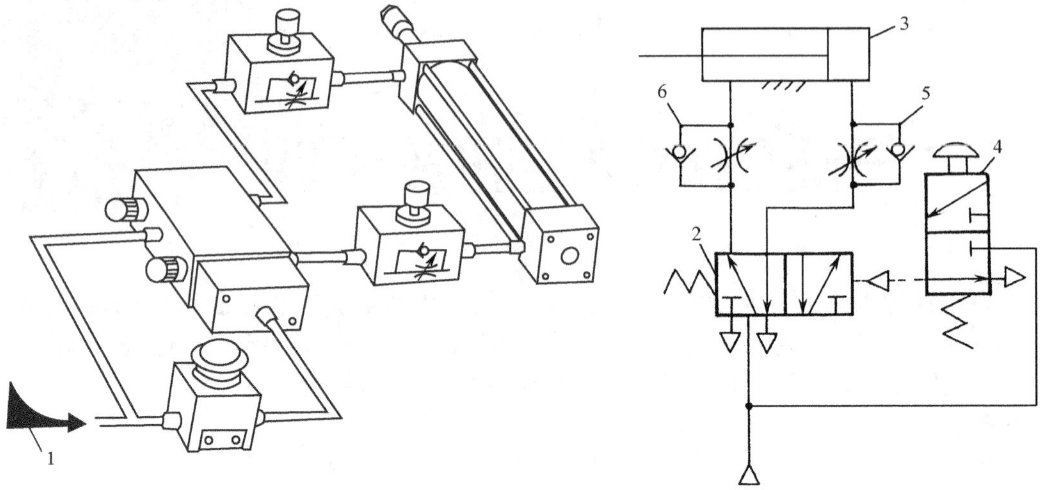

（a）结构组合图　　（b）回路

1—气压源；2，4—换向阀；3—气缸；5，6—单向节流阀

图 3-1　气动实验回路的示意图

3.2　气动换向回路和换向阀

3.2.1　换向阀

1．换向阀的结构及控制

气动实验回路如图 3-1（b）所示。其中，元件 4 称为二位三通换向阀，其控制方式为手动控制。二位三通换向阀的结构图如图 3-2（a）所示。它是利用阀心和阀体的相对移动，控制各气口的接通或断开，以改变气体的流动方向，实现改变执行元件的运动方向的作用。在正常情况下，AR 两口相通，P 口不通；当按下按钮时，PA 两口相通，R 口不通。通常 P 口接压力源，A 口是控制其他元件的引导压力口，R 口接大气。

图 3-1（b）中的符号为其图形符号。

所有换向阀的图形符号包含以下内容。

（1）控制方式

换向阀的控制方式与图形符号见表 3-1。

表 3-1　换向阀的控制方式与图形符号

控制方式	人力控制（手动式）	机械控制	电磁控制	弹簧复位	气压控制	气压先导	电磁-气压先导
图形符号	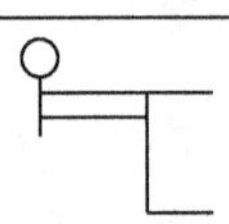	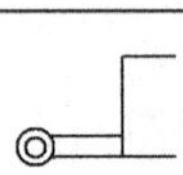	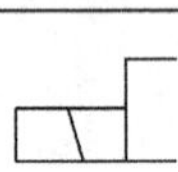	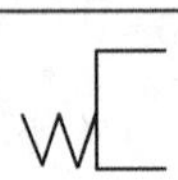	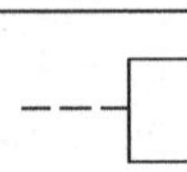	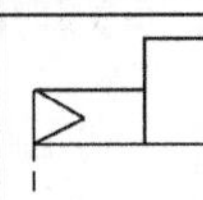	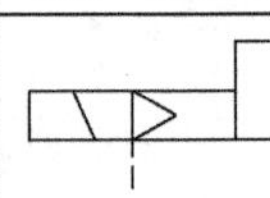

（2）“位”和“通”

阀芯的工作位置简称“位”。阀芯有几个工作位置就是几位阀。在图形符号中，方格表示工作位置，两个空格表示二位，三个空格表示三位。

“通”表示阀体上外部通口数。有几个接口，即为几通，三通阀如图 3-2（a）所示。二通阀有一个进口（用 P 或 IN 表示）和一个出口（用 A 或 OUT 表示）。若无控制信号时，P 和 A 相通则称为常通式；P 和 A 断开则称为常断式。三位阀有一个排气口，通常用 O 或 R 表示。

方格内箭头表示阀内空气的流动方向。方格内“⊥”表示空气流动通道被阻塞。方格上“Δ”表示与大气相通自由排放。

三位阀有三个工作位置。若阀芯处于中间位置（也称为零位），各通口呈封闭状态，则称为中位封闭式阀；若出口与排气口相通，则称为中位泄压式阀；若出口与进口相通，则称为中位加压式阀；若在中位泄压式阀的两个出口内装上单向阀，则称为中位止回式阀。

换向阀的阀芯处于不同的工作位置时，各通口之间的通断状态是不同的。常见的二位和三位换向阀的图形符号见表 3-2。

表 3-2　二位和三位换向阀的图形符号

换向阀的通路数	二　位	三　位			
		中位封闭式	中位泄压式	中位加压式	中位止回式
二通	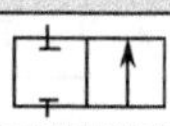				
三通	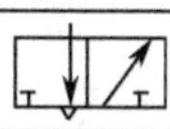	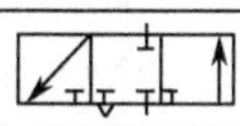			
四通	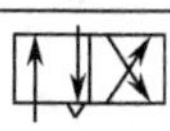	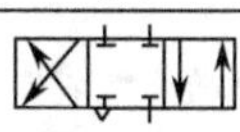	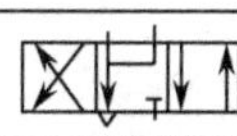	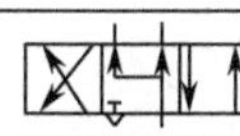	
五通	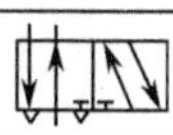	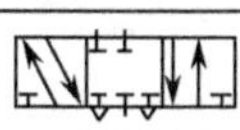	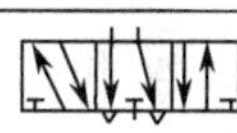	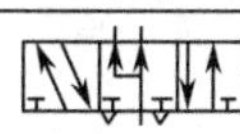	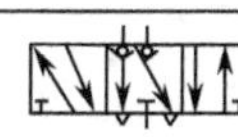

2．换向阀的分类

换向阀的类型见表 3-3。

表 3-3　换向阀的类型

分 类 方 式	名　称
按阀的工作位置数	二位、三位、四位
按阀的通路数	二通、三通、四通、五通
按阀芯的结构	滑阀式、截止式、旋塞式
按阀的控制方式	人力控制、机械控制、气压控制、电磁控制等

3．工作原理

二位五通气控滑阀式换向阀的工作原理如图 3-2（b）所示。当控制口 Y 有气压进入，推动滑阀移动，压力源可由 P 口流至 B 口，再由 B 口到达气缸右腔，从而推动活塞杆向外推出。若控制口 Y 无气压进入，压力源可由 P 口流至 A 口，再由 A 口流至左腔，实现活塞杆的退回。利用各种方向控制阀可以对单作用气动执行元件和双作用气动执行元件进行换向控制。

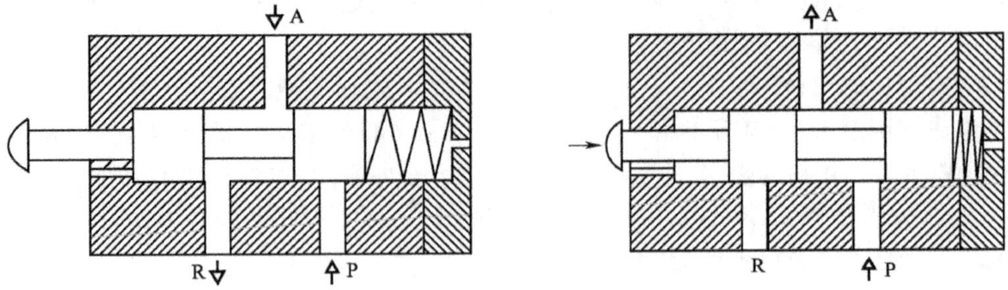

（a）二位三通手动换向阀结构示意图

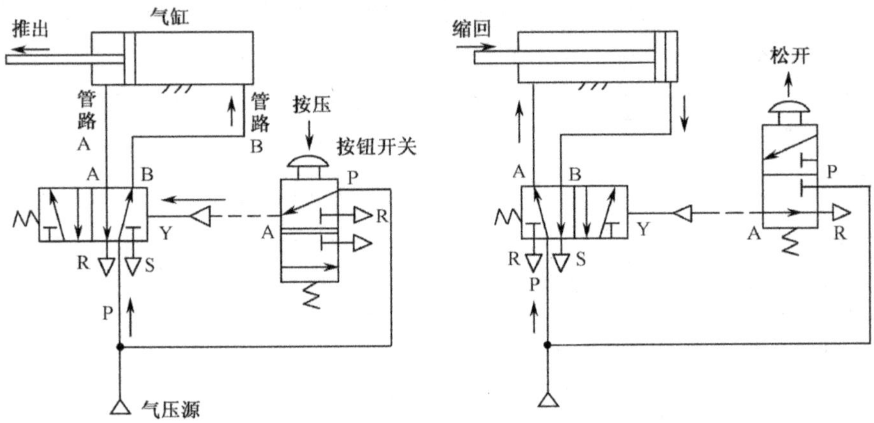

（b）二位五通气控换向阀的工作原理

图 3-2　换向阀的工作原理

3.2.2　换向回路

1. 双气控二位五通换向阀控制的换向回路

双气控二位五通换向阀控制的换向回路如图 3-3 所示。按压手动按钮 PB1（前进按钮），二位五通换向阀内 PB 两口相通，AR 两口相通，如图 3-3（a）所示，活塞杆推出，松开 PB1 按钮，二位五通换向阀状态不变，活塞杆仍继续推出，故操作活塞杆推出的正确方法是，手压 PB1 按钮，若活塞杆开始推出，即可松开 PB1 按钮。按压按钮 PB2（后退按钮），二位五通换向阀内 PA 两口相通，PB 两口相通，如图 3-3（b）所示，活塞杆缩回，松开 PB2 按钮，活塞杆仍继续缩回，故操作活塞杆缩回的正确方法是，手压 PB2 按钮，若活塞杆开始缩回，即可松开 PB2 按钮。

2. 双气控三位五通换向阀控制的换向回路

双气控三位五通换向阀控制的换向回路如图 3-4 所示。与图 3-3 换向回路相比，回路在按压按钮时，气缸活塞杆才运动；松开按钮，三位五通换向阀阀内弹簧复位，活塞杆静止不动。

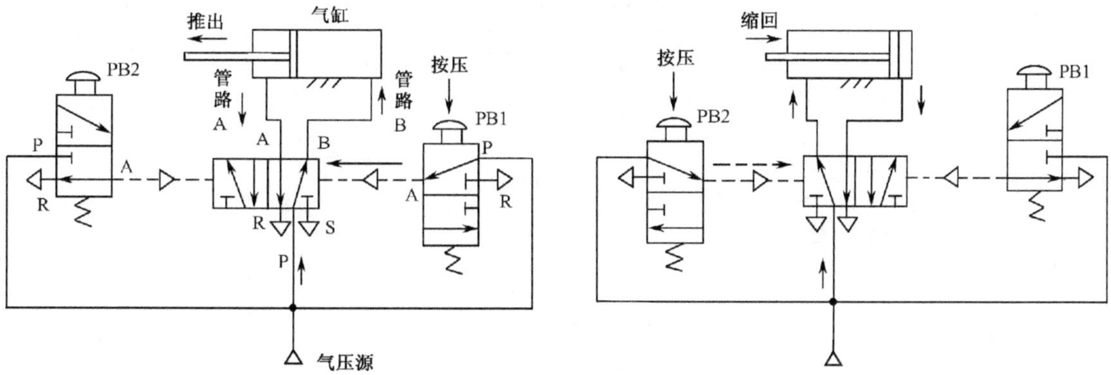

（a）按压 PB1，活塞杆推出

（b）按压 PB2，活塞杆缩回

图 3-3　双气控二位五通换向阀控制的换向回路

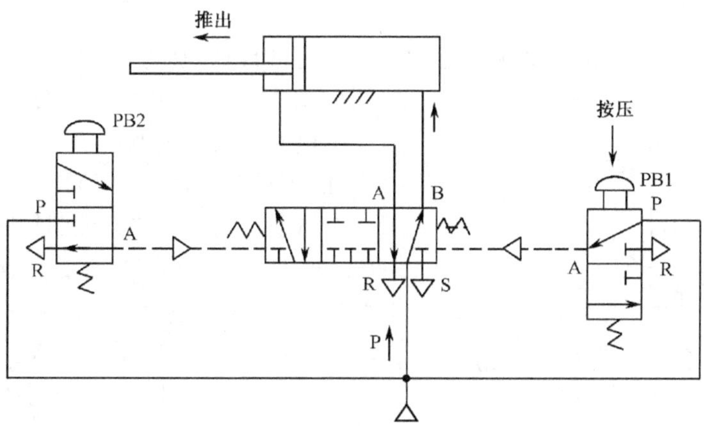

（a）按压 PB1，活塞杆推出

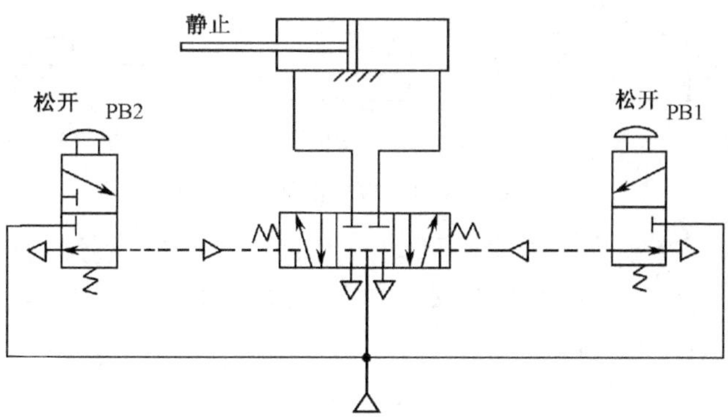

（b）松开 PB1，活塞杆静止

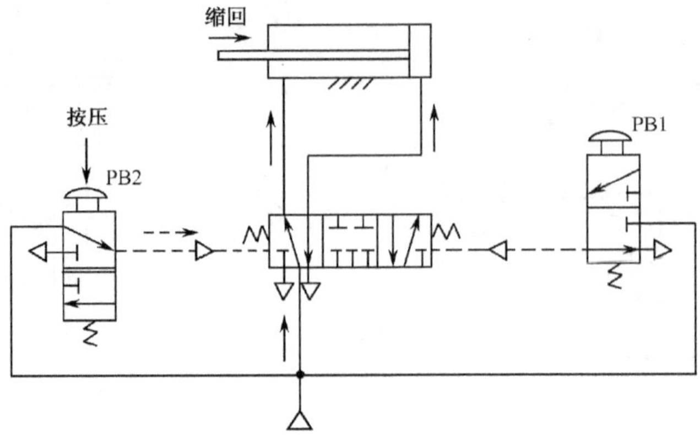

（c）按压 PB2，活塞杆缩回

图 3-4　双气控三位五通换向阀控制的换向回路

3．手动-自动换向回路

手动-自动换向回路如图 3-5 所示。按压二位三通换向阀 1 按钮，活塞杆伸出，实现手动的换向；若二位三通换向阀 2 的电磁铁通电，活塞杆也能伸出，实现自动换向。阀 3 的两个通路 P_1 和 P_2 都能与通路 A 相通，这种阀称为或门型梭阀。或门型梭阀的工作原理图如图 3-6 所示。当通路 P_1 进气时，将阀芯推向右边，通路 P_2 被关闭，于是气流从 P_1 进入通路 A，如图 3-6（a）所示；反之，气流从 P_2 进入通路 A，如图 3-6（b）所示；当 P_1 和 P_2 同时进气，哪端压力高，A 就与哪端相同，另一端就自动关闭。该阀的图形符号如图 3-6（c）所示。

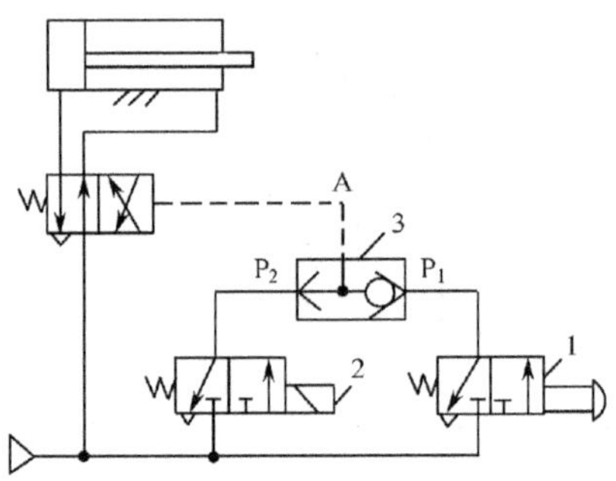

图 3-5　手动-自动换向回路

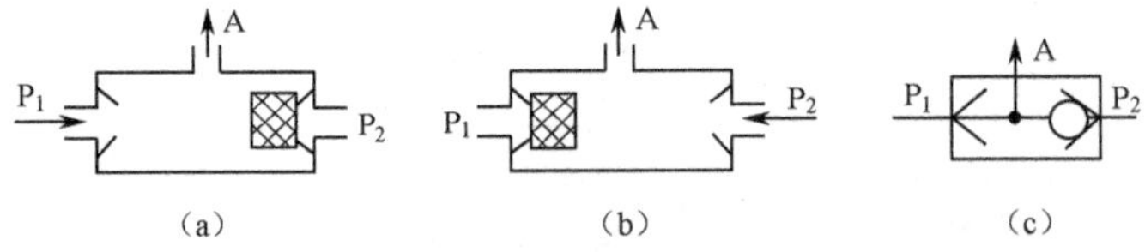

图 3-6　或门型梭阀的工作原理图

由于梭阀阀芯像织布梭子一样来回运动，因而称为梭阀。它相当于两个单向阀。梭阀也可用于高低压转换回路，但必须在梭阀的高压进口侧加装一个二位三通阀，以免得不到低压。梭阀的外形图如图 3-7 所示。

图 3-7　梭阀的外形图

4．双压阀回路

气动方向控制阀按其特点可分为单向型和换向型两种。换向型方向控制阀简称换向阀，其工作原理和作用在前面回路中已有介绍。单向型方向控制阀包括单向阀、或门型梭阀、与门型梭阀和快速排气阀。由与门型梭阀组成的单作用气缸换向回路如图 3-8 所示。与门型梭阀又称双压阀，双压阀的工作原理图如图 3-9 所示。当气压单独由 P_1 或 P_2 输入时，其压力促使阀芯移动，封锁了与输出口的通道，即 A 口无气体输出。若 P_1 口先输入气压，P_2 口随后也有气压输入，则 P_2 口的气体由 A 口输出；若气压先由 P_2 口进入时，情况亦然。当 P_1 和 P_2 口输入的压力不等时，压力高的一侧被封锁，而低压侧的气体将通过 A 口输出。因此，双压阀只有当两个输入口 P_1 和 P_2 同时进气时，A 口才能输出。在逻辑控制上，双压阀又称为与门逻辑元件。

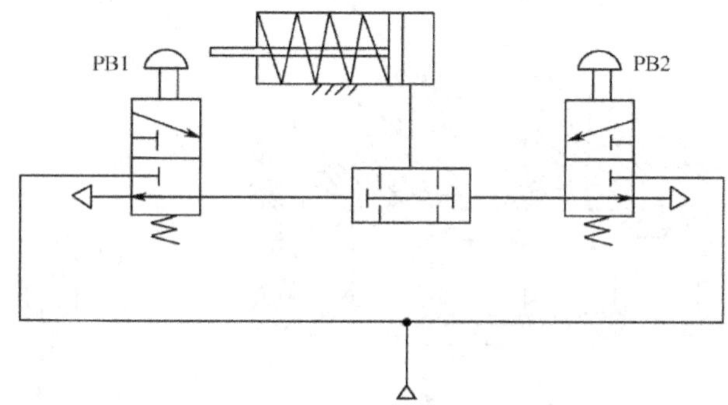

图 3-8　单作用气缸换向回路

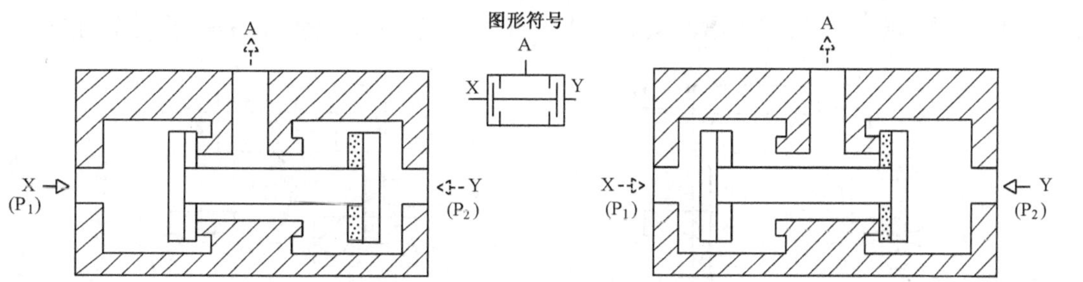

图 3-9　双压阀的工作原理图

在熟悉双压阀的功能后，可对图 3-8 的回路进行实验和进一步分析。实验步骤和分析见表 3-4。

双压阀还常应用在安全保护回路中，详细内容见后面的介绍。

表 3-4　双压阀回路实验分析

操作方式和步骤	气缸活塞杆的运动情况
（1）按压按钮 PB1	□推出 □静止 □缩回
（2）按压按钮 PB2	□推出 □静止 □缩回
（3）同时按压按钮 PB1 和 PB2	□推出 □静止 □缩回

续表

操作方式和步骤	气缸活塞杆的运动情况
（4）松开按钮 PB1 和 PB2	□推出 □静止 □缩回
（5）先按压按钮 PB1，再按压按钮 PB2	□推出 □静止 □缩回
（6）先按压按钮 PB2，再按压按钮 PB1	□推出 □静止 □缩回

注：在实验操作过程中，将观察到的运动情况对照表 3-4 在相应的选项上打“√”。

5．快速排气阀及其应用回路

有些气压系统要求气缸必须快速返回其原位置，为达此目的，可以使用快速排气阀。快速排气阀又称快排阀。膜片式快速排气阀的结构和图形符号如图 3-10 所示。当 P 口进气时，膜片 1 被压下封住排气口，气流经膜片四周小孔由 A 口流出，同时关闭下口；当气流反向流动时，A 口气压将膜片顶起封住 P 口，A 口气体经 O 口迅速排掉。

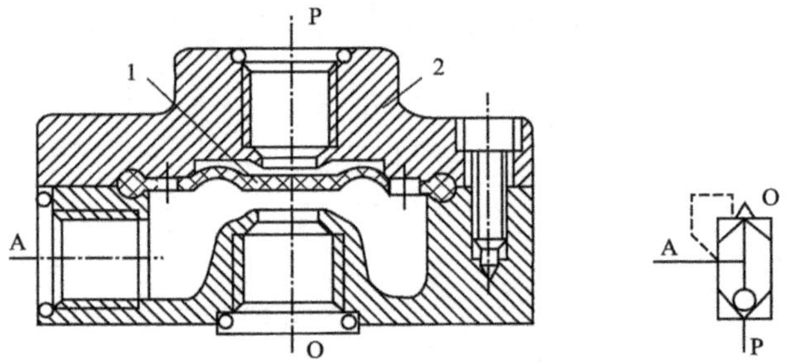

（a）结构　　（b）图形符号

图 3-10　膜片式快速排气阀的结构和图形符号

快速排气阀应用回路如图 3-11 所示。快速排气阀装在换向阀和气缸之间，它使气缸的排气不用通过换向阀而快速排出，从而加快了气缸往复的运动速度，缩短了工作周期。

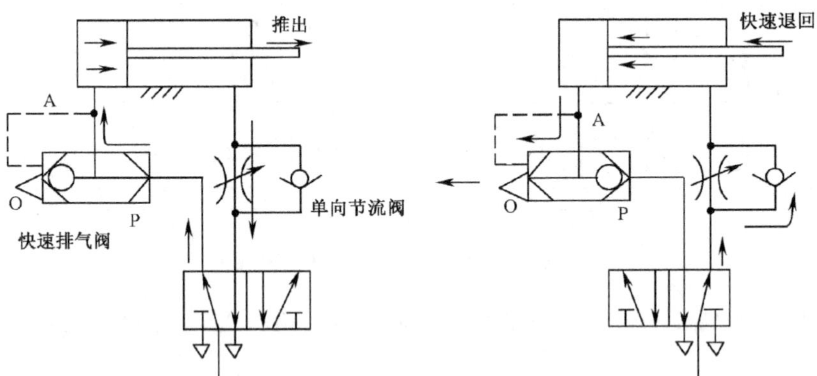

图 3-11　快速排气阀应用回路

3.3　速度控制回路和流量控制阀

在如图 3-1 所示的气动实验回路中，已经知道图中单向节流阀 5 和 6 分别控制活塞杆的推出速度和缩回速度。在气动系统中，经常要求控制气动执行元件的运动速度，这就要靠调节压缩空气的流量来实现。单向节流阀 5 和 6 是气压传动中实现流量控制的气压元件之一。

3.3.1 流量控制阀

1. 节流阀

节流阀是改变空气的通流截面以改变压缩空气的流量。节流阀的工作原理图如图 3-12 所示。阀体上有一个调整螺钉，用来调整流通口的面积大小。节流阀主要用来调节气缸活塞的速度及系统中气体流动速度的控制。注意节流阀两个方向皆有节流作用，使用节流阀时通流面积不宜太小，因为空气中的冷凝水、尘埃等塞满阻流口通路时，会引起节流量的变化。

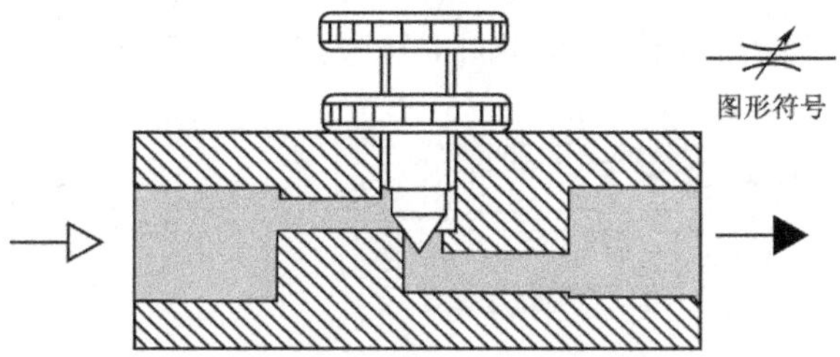

图 3-12 节流阀的工作原理图

2. 单向节流阀

单向节流阀是由单向阀和节流阀并联而成的流量控制阀。单向节流阀的工作原理、图形符号及外形图如图 3-13 所示。当气体由左边进入时，膜片被顶开，流量不受节流阀限制。当气体由右边进入时，膜片被顶住，气体只能由节流间隙通过，流量被节流阀阻流口的大小所限制。单向节流阀通常用在单方向速度控制的气缸或系统中进行单向流量的控制。单向节流阀也常称为速度控制阀。

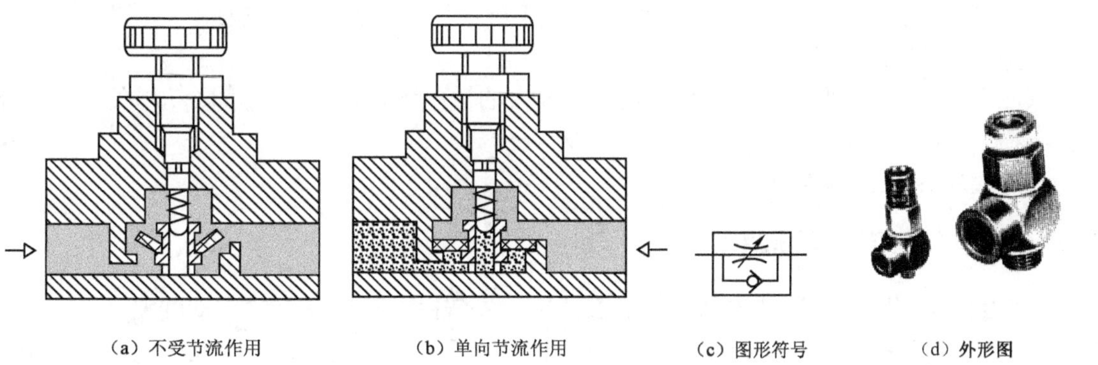

图 3-13 单向节流阀的工作原理、图形符号及外形图

由于压缩空气流经管路和单向控制阀时会产生压降，所以单向节流阀宜靠近控制对象进行安装（如图 3-14 所示）。

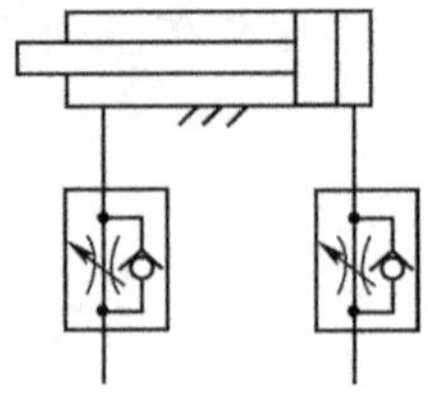

图 3-14　单向节流阀的安装

3．排气节流阀

排气节流阀的工作原理与节流阀相似。它通过调节节流口的通流面积来调节排入大气的流量，以改变气缸的运动速度。排气节流阀常带有消声器，通常安装在执行元件的排气口处。带消声器的排气节流阀的结构原理和图形符号如图 3-15 所示。

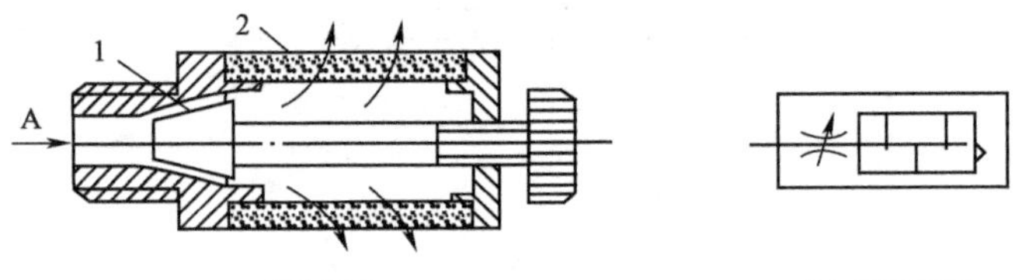

（a）结构原理　　（b）图形符号

1—节流口；2—消声套

图 3-15　排气节流阀的结构原理与图形符号

4．流量控制阀的使用和维护

由于气体具有较大的可压缩性，所以应用气控流量阀对气缸进行调速；其速度控制较难，易产生爬行。在使用中应注意以下几点：

① 安装时应确认阀的流动方向没有装反，以避免气缸出现急速伸出而造成事故；

② 流量阀应尽量安装在气缸附近，以减小气体压缩对速度的影响；

③ 气缸和活塞间的润滑要好；

④ 气缸的负载要稳定，在外负载变化很大的情况下，可采用气液联动以便较准确地进行调速；

⑤ 管道不存在漏气现象。

3.3.2　速度控制回路

速度控制回路就是通过控制流量的方法来控制气缸的运动速度的气动回路。图 3-1 是利用单向节流阀、排气节流阀控制活塞杆推出和缩回的速度控制回路。除此之外，还有下面几种常用回路。

1．单作用气缸速度控制回路

单作用气缸速度控制回路如图 3-16 所示。图 3-16（a）是利用单向节流阀实现活塞杆伸出速度可调及快速返回；图 3-16（b）可以进行双向速度调节。

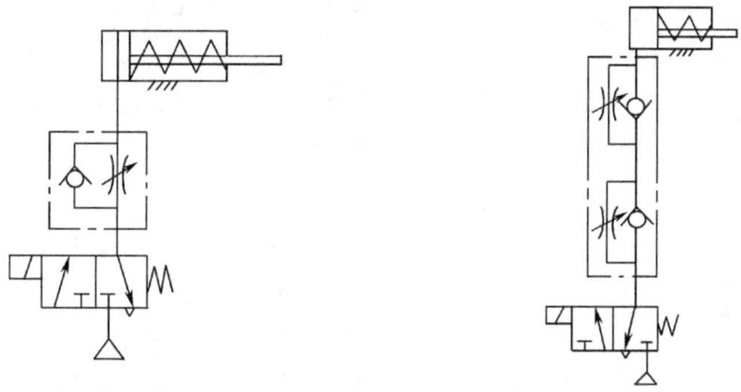

（a）慢进-快退调速回路　　（b）双向调速回路

图 3-16　单作用气缸速度控制回路

2．双作用气缸速度控制回路

（1）排气节流调速与进气节流调速

按照单向节流阀安装方向的不同，有进气节流和排气节流两种速度控制方式。排气节流调速与进气节流调速如图 3-17 所示。两种调速方式的特点见表 3-5。

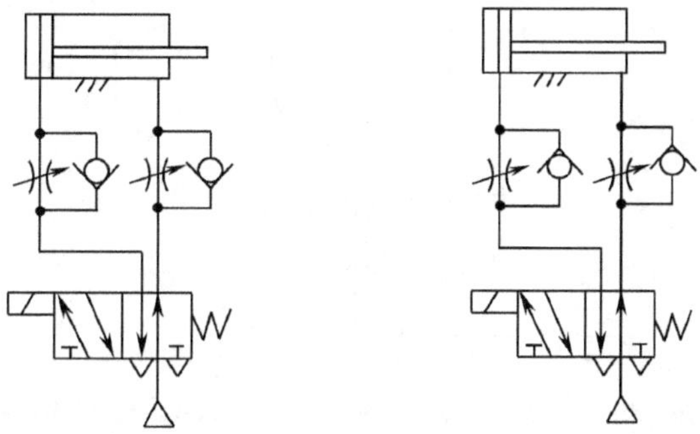

（a）排气节流调速　　（b）进气节流调速

图 3-17　进气、排气节流调速

表 3-5　两种调速方式的特点

特 性 项 目	进气节流调速	排气节流调速
低速平稳性	易产生低速爬行	好
阀的打开程度及速度	没有比例关系	有比例关系
惯性的影响	对调速特性有影响	对调速特性影响很小
启动延时	小	与负载率成正比
启动加速度	小	大
行程终点速度	大	约等于平均速度
缓冲能力	小	大

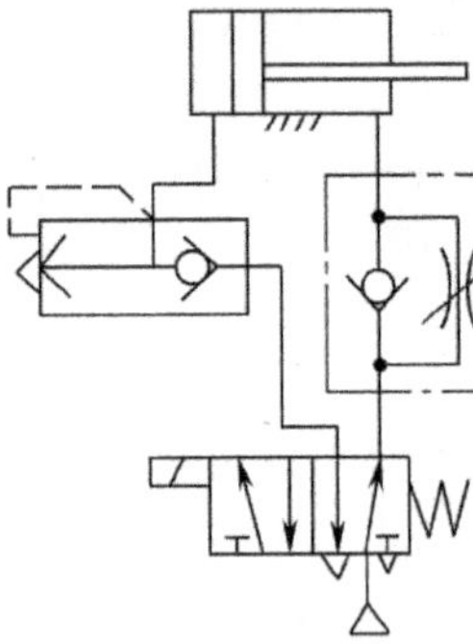

图 3-18　慢进-快退调速回路

由于排气节流调速的调速特性和低速平稳性较好，故在实际应用中大多采用排气节流调速方式。进气节流调速方式可用于单作用气缸、夹紧气缸、低摩擦力气缸，能防止气缸启动时的活塞杆的“急速伸出”现象。

（2）慢进-快退调速回路

如图 3-18 所示，电磁阀通电，受排气节流式调速阀的作用，气缸慢进。当电磁阀断电时，经快速排气阀迅速排气，气缸快退。当换向阀与气缸距离较远时，可用此回路。若将图中排气节流阀与快速排气阀对换即可实现快进-慢退调速回路。

（3）双速驱动回路

在气动系统中，常要求实现气缸高低速驱动。双速驱动回路如图 3-19 所示。回路中二位三通电磁阀上有两条排气通路，一条是利用排气节流阀实现快速排气，另一条是通过排气节流式调速阀再经主换向阀排气实现慢速排气。使用时应注意，如果快速和慢速的速度相差太大，气缸速度在转换时则容易产生“弹跳”现象。

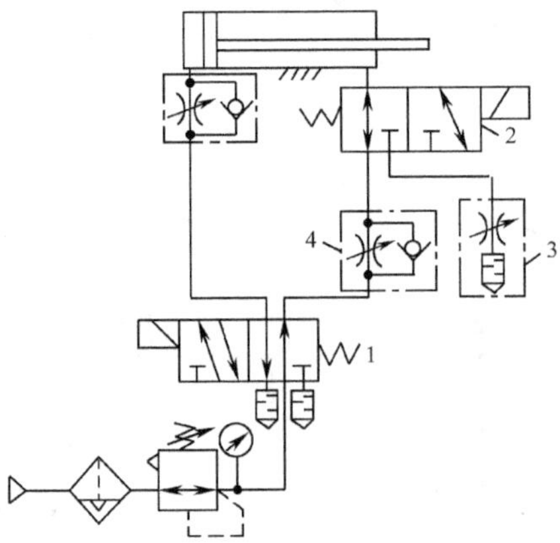

1—主换向阀；2—二位三通电磁换向阀；3—排气节流阀；4—单向节流阀

图 3-19　双速驱动回路

（4）行程中途变速回路

将两个二位二通阀与速度控制阀并联，如图 3-20 所示，活塞运动至某位置，令二位二通电磁阀通电，则气缸背压腔气体便排入大气，从而改变了气缸的运动速度。

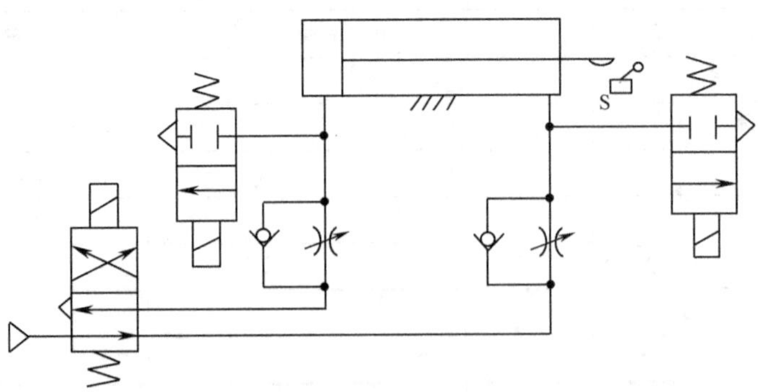

图 3-20　行程中途变速回路

3．气液联用缸速度控制回路

由于空气的可压缩性，气缸的运动速度很难平稳。尤其在负载变化时，速度波动更大。例如，机械切削加工中的进给气缸要求速度平稳以保证加工精度，普通气缸很难满足。为此，可通过气液联合控制，调节油路中的节流阀来控制气液联用缸的运动速度。

如图 3-21 所示的是可以实现“快进-慢进-快退”的变速回路。当气动电磁换向阀 5 通电时，气液联用缸无杆腔进气，而有杆腔的油经行程阀 2 回至气液转换器 4，活塞杆快速前进。当活塞杆撞块压住行程阀 2 后，油路切断，有杆腔的油只能经阀 3 的节流阀回油至 4，实现活塞杆慢进。调节节流阀就可得到所需的进给速度。当电磁阀断电时，通过气液转换器，油经阀 3 的单向阀进入缸 1 的有杆腔，推动活塞杆迅速返回。

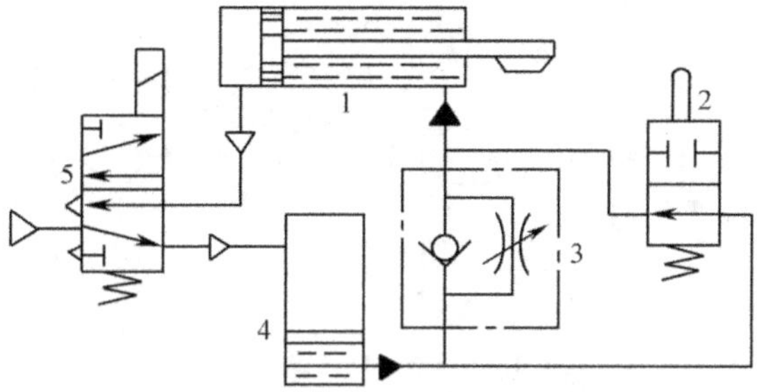

1—气液联用缸；2—行程阀；3—单向节流阀；
4—气液转换器；5—电磁换向阀

图 3-21　气液联用缸速度控制回路

4．气液阻尼缸速度控制回路

气液阻尼缸速度控制回路是用气缸传递动力，由液压缸阻尼和稳速，并由调速机构进行调速的回路。调速精度高，运动速度平稳，在金属切削机床中使用广泛。

如图 3-22 所示，电磁换向阀 6 通电，气液阻尼缸快进，当活塞运动到一定位置，其撞块压住行程阀 4，受阀 5 节流，则缸 1 慢进。当电磁换向阀 6 断电，则缸 1 快退。若取消阀 5 中的单向阀，则回路能实现“快进-慢进-慢退-快退”的动作。

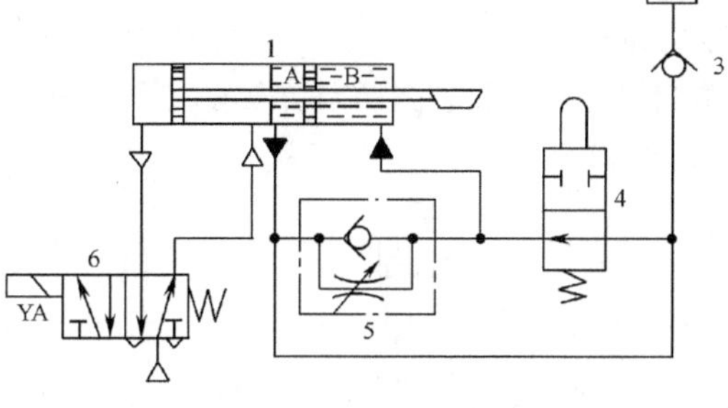

1—气液阻尼缸；2—油杯；3—单向阀；
4—行程阀；5—单向节流阀；6—电磁换向阀

图 3-22　气液阻尼缸速度控制回路

3.4 压力控制回路和压力控制阀

压力控制包括两个方面，一是控制气源的压力，避免出现过高压力，造成配管或元件损坏，确保气动系统的安全；二是控制系统的使用压力，给元件提供必要的工作条件，维持元件的性能和气动回路的功能，控制气缸所要求的输出力和运动速度。

压力控制回路如图 3-23 所示。它采用溢流阀来控制贮气罐内的压力，若贮气罐内压力超过规定压力值时，溢流阀开启，压缩机输出的压缩空气由溢流阀排入大气，使贮气罐内压力保持在规定范围内，回路由阀 3 来控制系统所需工作压力。调节和控制压力大小的气动元件称为压力控制阀。

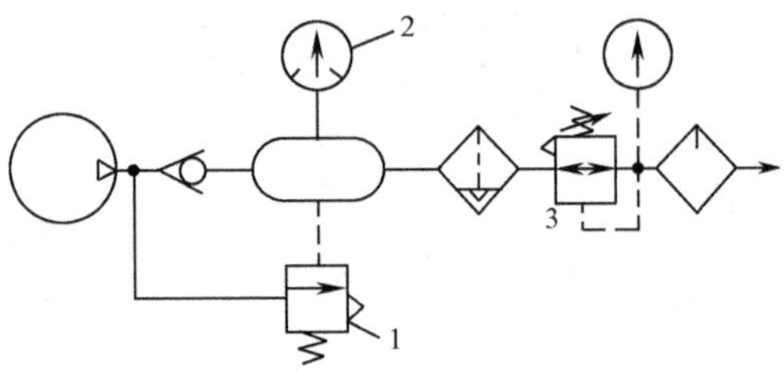

1—溢流阀；2—压力计；3—减压阀

图 3-23　压力控制回路

3.4.1　压力控制阀

在第 2 章介绍气源装置时，已详细介绍了减压阀和安全阀的结构、功能和应用方法。在气动系统中，除了上述两类压力控制阀外，还有溢流阀、顺序阀等。

1．溢流阀

溢流阀是在回路中的压力达到阀的规定值时，使部分气体从排气侧放出以保持回路内的压力在规定值的压力控制阀。溢流阀和安全阀的作用不同，但结构原理基本相同，详细内容可参见第 2 章的安全阀介绍。溢流阀的图形符号如图 3-23 元件 1 所示。

2．顺序阀

顺序阀是依靠气路中压力的变化来控制各执行元件按顺序动作的压力控制阀。顺序阀的工作原理和图形符号如图 3-24 所示。它根据调节弹簧的压缩量来控制其开启压力。当输入压力达到顺序阀的调整压力时，阀口打开，压缩空气从 P 到 A 才有输出；反之 A 无输出。

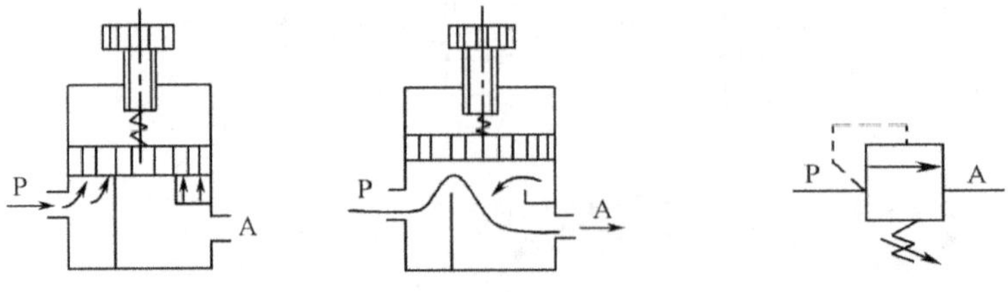

（a）开启状态　（b）关闭状态　（c）图形符号

图 3-24　顺序阀的工作原理和图形符号

顺序阀一般很少单独使用，往往与单向阀组合在一起构成单向顺序阀。单向顺序阀的工作原理和图形符号如图 3-25 所示。当压缩空气进入气腔 4 后，作用在活塞 3 上的气压超过压缩弹簧 2 上的力，将活塞顶起。压缩空气从 P 经气腔 4 和 5 到 A 输出，如图 3-25（a）所示。此时单向阀 6 在压差力及弹簧力的作用下处于关闭状态。当反向流动时，输入侧 P 变成排气口，输出侧压力将顶开单向阀 6 由 T 口排气，如图 3-25（b）所示。调节旋钮 1 就可以改变单向顺序阀的开启压力，以便在不同的开启压力下，控制执行元件的顺序动作。

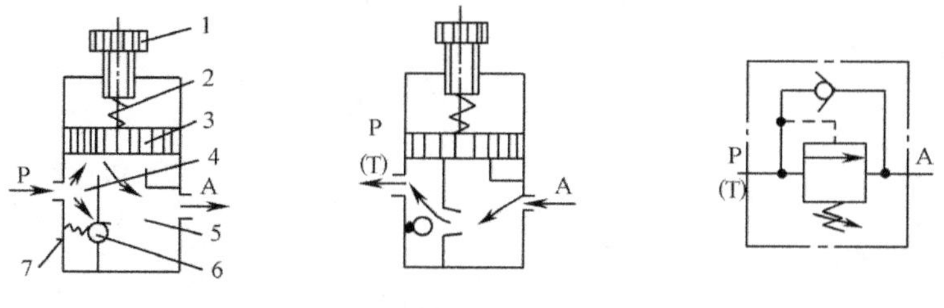

（a）开启状态　（b）关闭状态　（c）图形符号

1—旋钮；2,7—弹簧；3—活塞；4,5—气腔；6—单向阀

图 3-25　单向顺序阀的工作原理和图形符号

3.4.2　压力控制回路

1．一次压力控制回路

一次压力控制回路可以采用溢流阀或电触点压力计来控制。由溢流阀控制的回路如图 3-23 所示。当采用溢流阀控制时，结构简单、工作可靠，但气量浪费大。当采用电触点压力计来控制时，是用电触点压力计直接控制压缩机的停止或转动。当电触点压力计发生故障时，空压机若不能停止运转，则气罐内的压力会不断上升，当压力升至安全阀的调定压力时，安全阀会自动开启，气量向外界溢流，以保护气罐的安全。

2．二次压力控制回路

气缸或气压马达系统常用的压力控制回路如图 3-26 所示，其输出压力由减压阀调整。若回路中需要多种不同的工作压力，可采用图 3-27 所示的回路。

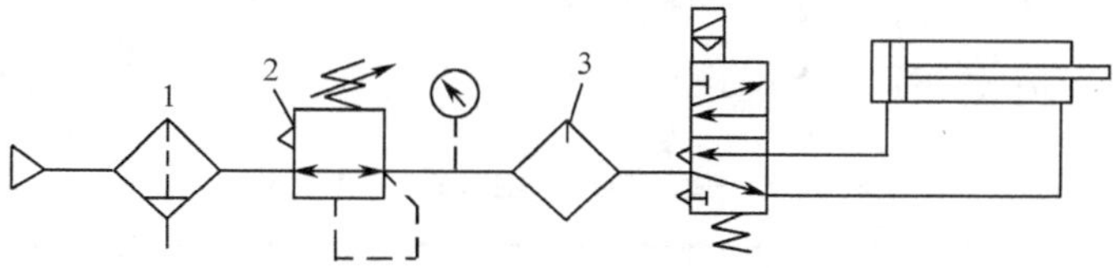

1—空气过滤器；2—减压阀；3—油雾器

图 3-26　二次压力控制回路

3．高低压转换回路

在实际应用中，某些气压控制系统需要有高、低压力的选择。高低压转换回路如图 3-28 所示。该回路由两个减压阀分别调出 p_1 和 p_2 两种不同的压力，再利用一个方向控制阀构成高低压力 p_1 和 p_2 的自动转换。

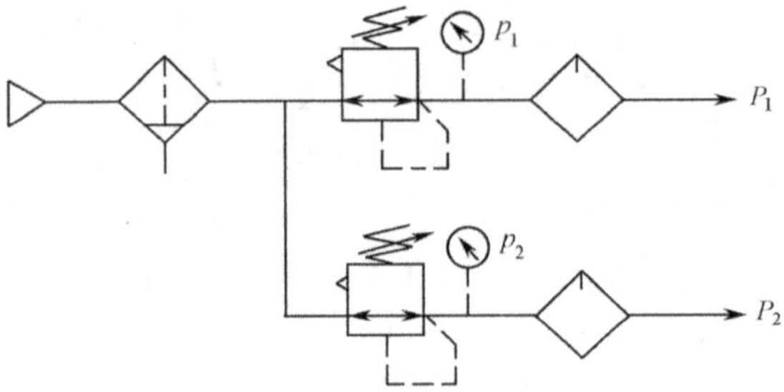

图 3-27　需要不同工作压力的回路

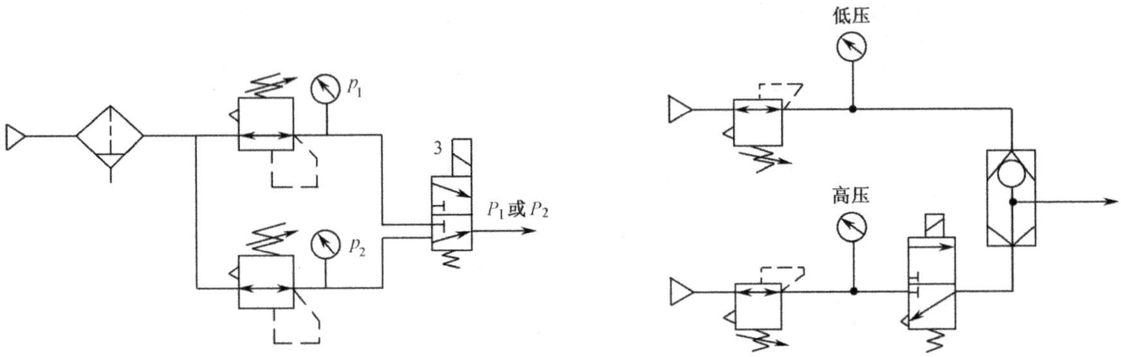

（a）　　　　（b）

图 3-28　高低压转换回路

3.5 气动逻辑回路

气动逻辑回路是把气动回路按照基本逻辑关系组合而成的回路。气控信号按照基本逻辑关系可组成“是”、“非”、“或”、“与”等基本逻辑回路。用这些逻辑回路的目的是便于对气动控制系统的分析及设计。

3.5.1 各种逻辑回路

表 3-6 介绍了由阀类元件组成的逻辑回路。表中右边的“真值表”是逻辑回路的动作说明。表中，a, b 为输入信号；S, S_1, S_2 为输出信号；“0”，“1”分别表示无信号和有信号。

表 3-6　由阀类元件组成的逻辑回路

名　称	回 路 图	逻辑符号及表达式	动作说明（真值表）
是回路	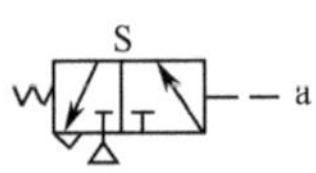 S　a	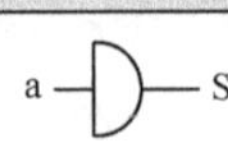 a　S S=a	a S / 0 0 / 1 1 有信号 a，S 有输出； 无 a 则 S 无输出
非回路	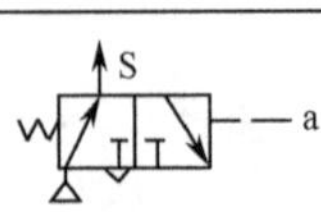 S　a	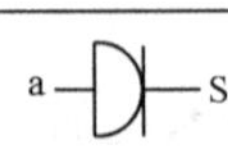 a　S S=$\bar{a}$	a S / 0 1 / 1 0 有信号 a，S 无输出； 无 a 则 S 有输出

续表

名称	回路图	逻辑符号及表达式	动作说明（真值表）
或回路	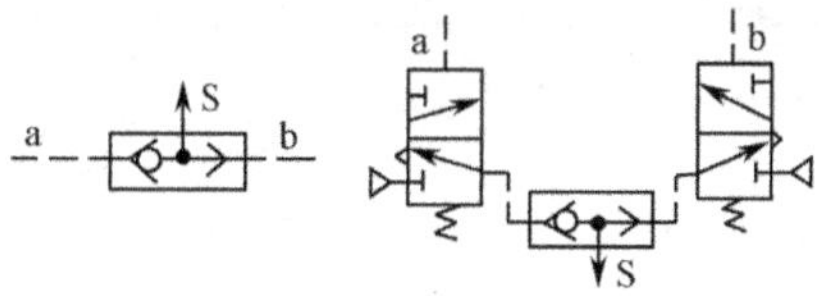	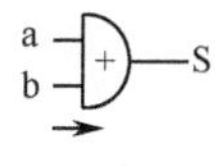 S=a+b	a b S: 0 0 0; 0 1 1; 1 0 1; 1 1 1。有 a 或 b 任一个信号，S 就有输出
或非回路	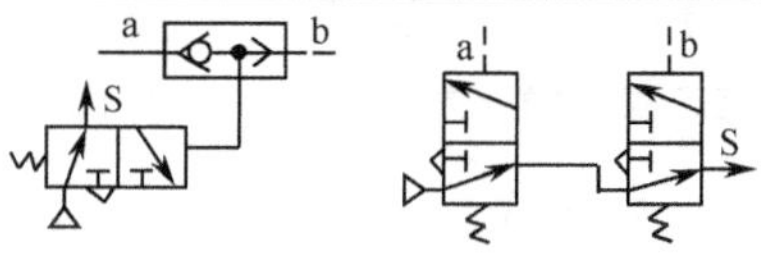 （a）（b）	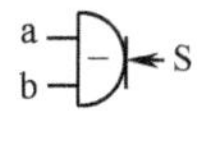 $S=\overline{a+b}$	a b S: 0 0 1; 0 1 0; 1 0 0; 1 1 0。有 a 或 b 任一个信号，S 就无输出
与回路	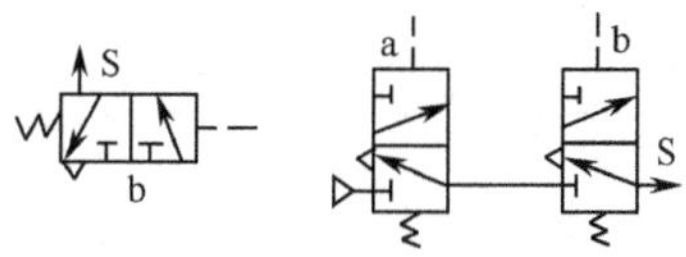 （a）无源　（b）有源	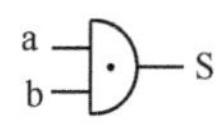 S=a·b	a b S: 0 0 0; 1 0 0; 0 1 0; 1 1 1。只有当 a 和 b 同时存在时，S 才有输出
与非回路	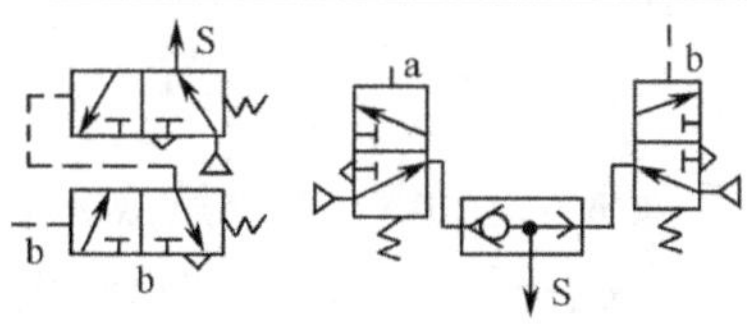	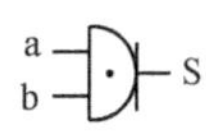 $S=\overline{ab}$	a b S: 0 0 1; 1 0 1; 0 1 1; 1 1 0。信号 a 和 b 同时有时，S 才无输出
禁回路	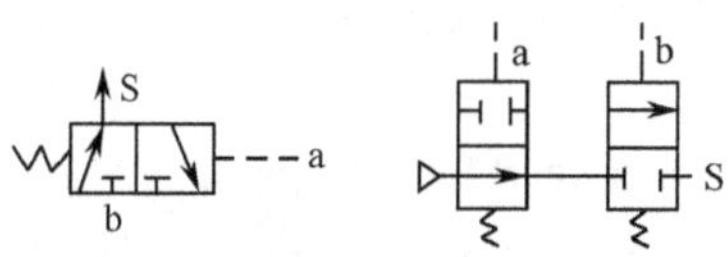 （a）无源　（b）有源	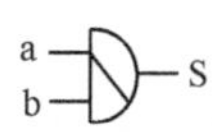 $S=\overline{a}\cdot b$	a b S: 0 0 0; 0 1 1; 1 0 0; 1 1 0。有信号 a 时，S 无输出；当无信号 a、有信号 b 时，S 才有输出
记忆回路	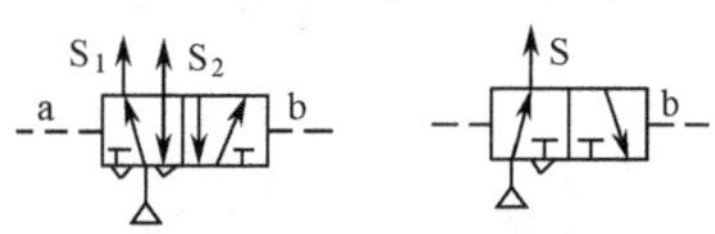 （a）双稳　（b）单记忆	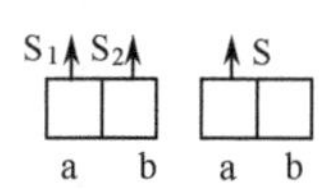 （a）（b）	a b S_1 S_2: 1 0 1 0; 0 0 1 0; 0 1 0 1; 0 0 0 1。有信号 a 时，S_1 有输出；a 消失，S_1 仍有输出，直到有信号 b 时，S_1 才无输出。记忆回路要求 a、b 不能同时加入
脉冲回路	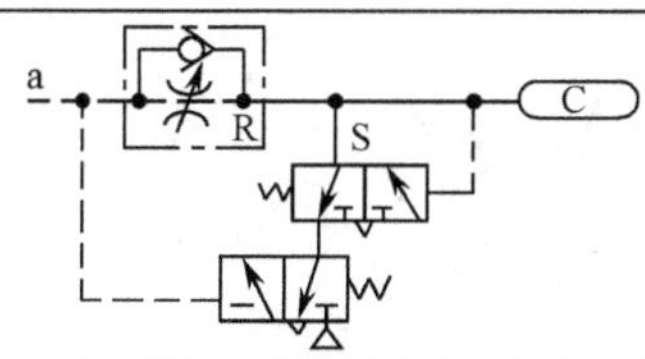	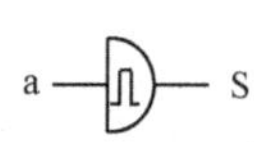	回路可把长信号 a 变为一个脉冲信号 S 输出。脉冲宽度可由气阻 R、气容 C 调节。回路要求 a 的持续时间大于脉冲宽度 t
延时回路	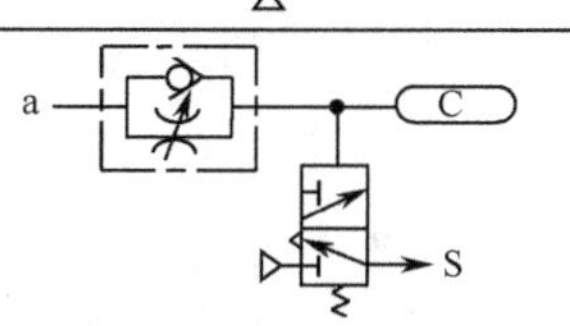	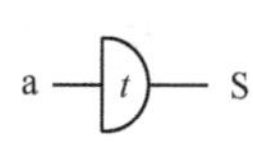	当有信号 a 时，需延时 t 时间后 S 才有输出。调节气阻 R、气容 C 可调 t。回路要求 a 的持续时间大于 t

3.5.2　逻辑回路的应用实例

由“与”回路组成的双手操作回路如图 3-29 所示。只有同时压下手动按钮阀 1 和阀 2 时，才能使压缩空气进入气缸，将零件 A 压向零件 B，起到安全保护作用。

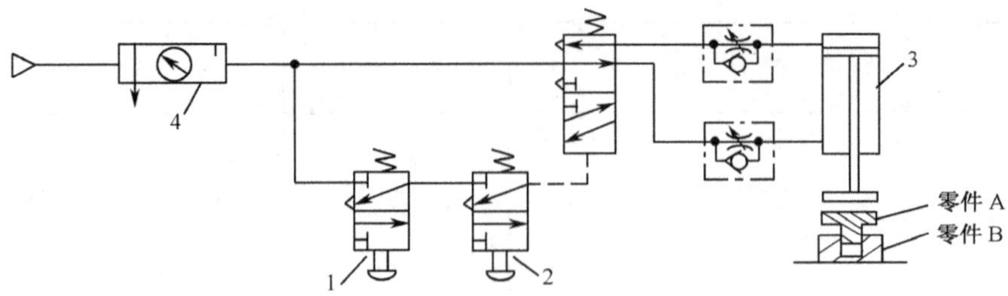

1，2—手动按钮；3—气缸；4—气源调节装置

图 3-29　由“与”回路组成的双手操作回路

手动-自动换向回路如图 3-5 所示，是利用梭阀实现“或”回路的应用实例。

3.6　其他常用基本回路

3.6.1　安全保护回路

1．双手操作回路

当使用冲床等机器时，若一手拿冲料而另一手操作启动阀，极易造成工伤事故。若改用两手同时操作冲床才动作的话，可保护双手安全。双手同时操作回路如图 3-29 所示。但此回路中，若其中一个手动阀因弹簧失效而不复位，当不小心碰到另一个手动阀按钮时，气缸便会动作，故该回路的安全性稍差。

如图 3-30 所示的回路，需要双手在很短时间间隔内“同时”操作，气缸才能动作。若双手不同时按下，气罐 3 中的气将从阀 1 的排气口排空，主控阀 4 就不能换向，则气缸不能动作。此外，阀 1 或阀 2 因弹簧失效而未复位时，气罐 3 得不到充气，气缸也不会动作，因此该回路的安全性好。

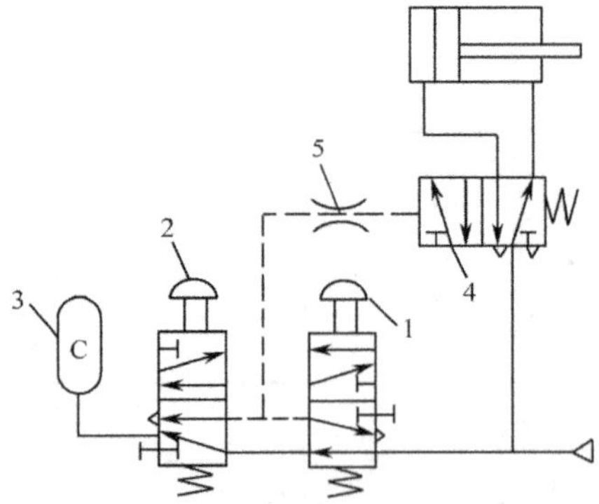

1,2—手动阀；3—气罐；4—主控阀；5—节流阀

图 3-30　双手同时操作回路

2．过载保护回路

过载保护回路如图 3-31 所示。在正常工作情况下，按下手动阀，主控阀 2 切换至左位，气

缸活塞杆右行，当活塞杆上挡铁碰到行程阀 5 时，控制气体又使阀 2 切换至右位，活塞杆缩回。当气缸活塞杆伸出时遇到故障，造成负载过大，气缸无杆腔压力升高，当压力超过顺序阀 3 的设定压力时，顺序阀开启，主控阀 2 切换至右位，气缸活塞杆缩回，实现过载保护。

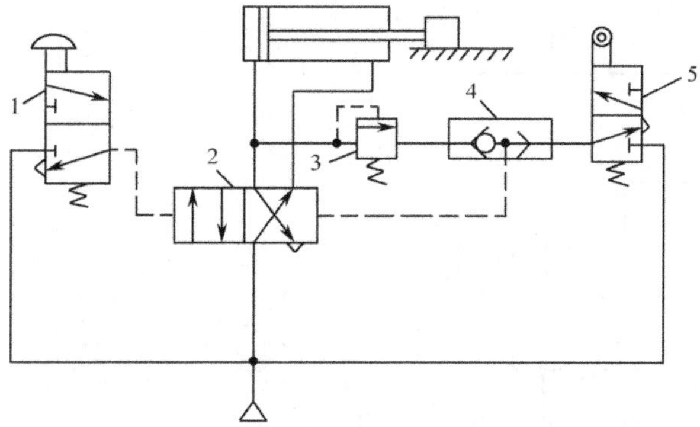

1—手动阀；2—主控阀；3—顺序阀；4—或门型梭阀；5—行程阀

图 3-31　过载保护回路

3. 缓冲回路

采用单向节流阀和行程阀配合的缓冲回路如图 3-32 所示。当活塞前进到预定位置压下行程阀时，气缸排气腔的气流只能从节流阀通过，使活塞速度减慢，达到缓冲目的。这种回路常用于惯性较大的气缸。

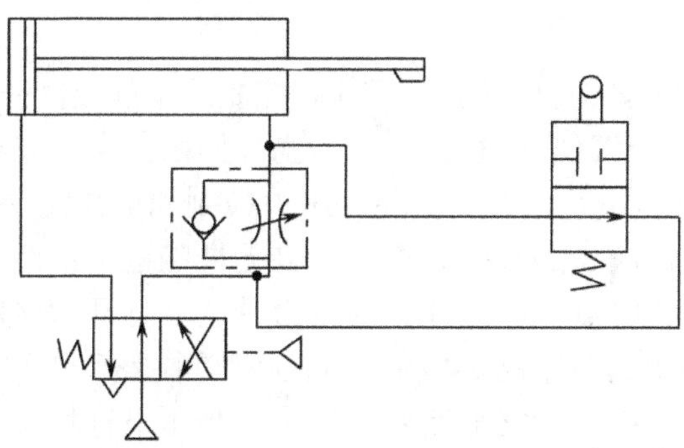

图 3-32　采用单向节流阀和行程阀配合的缓冲回路

3.6.2　延时控制回路

1. 延时断开回路

延时断开回路如图 3-33（a）所示。当按下手动阀 A 后，阀 B 立即换向，活塞杆伸出，同时压缩空气经节流阀进入气罐 C，经过一段时间后，气罐中压力升到一定值后，阀 B 自动换向，活塞杆返回。调节节流阀的打开程度可获得不同的延时时间。

2. 延时接通回路

如图 3-33（b）所示，按下阀 A，压缩空气经阀 A 和节流阀进入气罐 C，经过一定时间气罐 C 中压力达到一定值后，阀 B 才换向，使气路接通；拉出阀 A，气罐中的压缩空气经单向阀快速排出，阀 B 换向，气路排气。

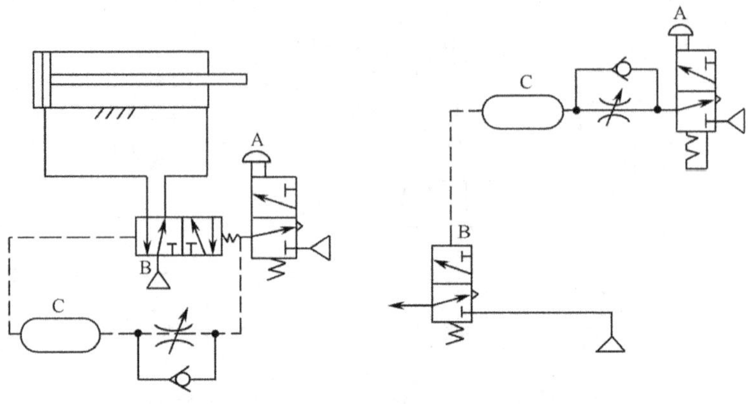

（a）延时断开回路　　（b）延时接通回路

图 3-33　延时控制回路

3.6.3　顺序动作回路

顺序动作是指在气动回路中，各个气缸按一定程序完成各自的动作。例如，单缸有单往复动作、二次往复动作和连续往复动作等；双缸及多缸有单往复和多往复顺序动作等。

1．单往复动作回路

三种单往复动作回路如图 3-34 所示。行程阀控制的单往复回路如图 3-34（a）所示。当按下阀 1 的按钮后，压缩空气使阀 3 换向，活塞杆伸出，当活塞杆上的挡铁压下行程阀 2 时，阀 3 复位，活塞杆返回，完成一次循环。压力控制的单往复动作回路如图 3-34（b）所示。当按下阀 1 的按钮后，阀 3 的阀心右移，气缸无杆腔进气，活塞杆伸出，同时气压还作用在顺序阀上，当活塞到达终点后，无杆腔内压力升高，打开顺序阀，使阀 3 换向，活塞杆返回，完成一次循环。利用延时回路形成的时间控制单往复动作回路如图 3-34（c）所示。当按下阀 1 的按钮后，阀 3 换向，气缸活塞杆伸出，当压下行程阀 2 后，延时一段时间，阀 3 才换方向，活塞杆返回，完成一次循环。

在单往复动作回路中，每按下一次按钮，气缸就完成一次往复动作。

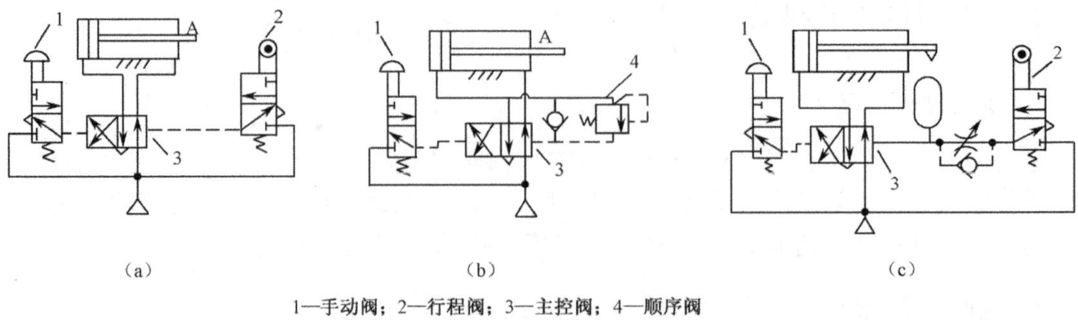

（a）　　（b）　　（c）

1—手动阀；2—行程阀；3—主控阀；4—顺序阀

图 3-34　单往复动作回路

2．连续往复动作回路

连续往复动作回路如图 3-35 所示。当按下阀 1 的按钮后阀 4 换向，活塞杆向前运动，这时由于阀 3 复位而将气路封闭，使阀 4 不能复位，活塞杆继续向前运动。到达行程终点压下行程阀 2，使阀 4 控制气路排气，在弹簧作用下阀 4 复位，活塞杆返回，在终点压下阀 3，阀 4 换向，活塞杆再次向前运动。就这样形成连续往复动作，只有提起阀 1 的按钮后，阀 4 复位，活塞杆返回而停止运动。

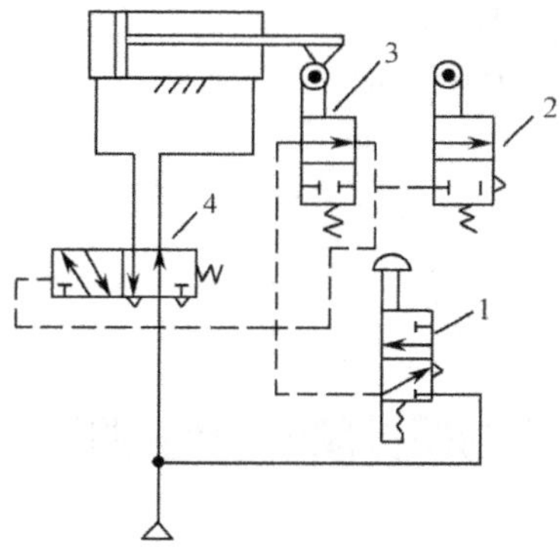

1—手动阀；2，3—行程阀；4—主控阀

图 3-35　连续往复动作回路

【例 3-1】　试分析图 3-36 所示的气动回路的工作过程，并指出各元件的名称和回路特点。

解：（1）各元件的名称

A、B——双作用气缸；

C、D——单向顺序阀；

E——启动阀；

1、2——双气控二位四通换向阀。

（2）回路特点

这是一个由顺序阀组成的顺序动作回路，它可以完成“缸 A 向右→缸 B 向右→缸 A 向左→缸 B 向左”的半自动双缸顺序动作。

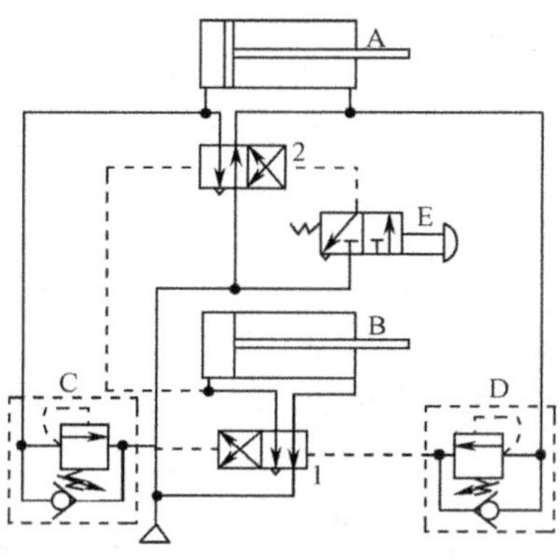

图 3-36　气动回路

3.7 操作训练

3.7.1 二位五通气控换向阀和手动二位三通换向阀控制的换向回路

（1）训练目的

① 熟悉换向阀的工作原理；

② 熟悉双作用式气缸的工作特点；

③ 熟悉本实验回路的操作和工作原理。

（2）训练回路图

如图 3-1 所示。

（3）训练参考步骤和结果记录

见表 3-4。

3.7.2 双气控二位五通换向阀控制的换向回路

（1）训练目的

① 熟悉双气控二位五通换向阀的工作原理；

② 熟悉本实验回路的操作和工作原理。

（2）训练回路图

如图 3-3 所示。

（3）训练参考步骤和结果记录

见表 3-4。

3.7.3 双压阀回路

（1）训练目的

① 熟悉双压阀的工作原理；

② 熟悉本实验回路的操作和工作原理。

（2）训练回路图

如图 3-8 所示。

（3）训练参考步骤和结果记录

见表 3-4。

3.7.4 快速排气阀回路

（1）训练目的

① 熟悉快速排气阀的工作原理；

② 熟悉本实验回路的操作和工作原理。

（2）训练回路图

如图 3-11 所示。

（3）训练参考步骤和结果记录

见表 3-4。

3.7.5　双速驱动回路

（1）训练目的

① 熟悉排气节流阀和排气节流式调速阀的工作原理；

② 熟悉本实验回路的操作和工作原理。

（2）训练回路图

如图 3-19 所示。

（3）实验分析和结果

见表 3-4。

3.7.6　气液联用缸速度控制回路

（1）训练目的

熟悉本实验回路的操作和工作原理。

（2）训练回路图

如图 3-21 所示。

（3）训练参考步骤和结果记录

见表 3-4。

3.7.7　双手同时操作回路

（1）训练目的

① 了解安全操作的重要性；

② 熟悉本实验回路的操作和工作原理。

（2）训练回路图

如图 3-30 所示。

3.7.8　延时控制回路

（1）训练目的

① 熟悉延时动作的工作原理；

② 熟悉本实验回路的操作和工作原理。

（2）训练回路图

如图 3-33 所示。

习题 3

（1）说明下列图形符号所表示的控制阀的名称。

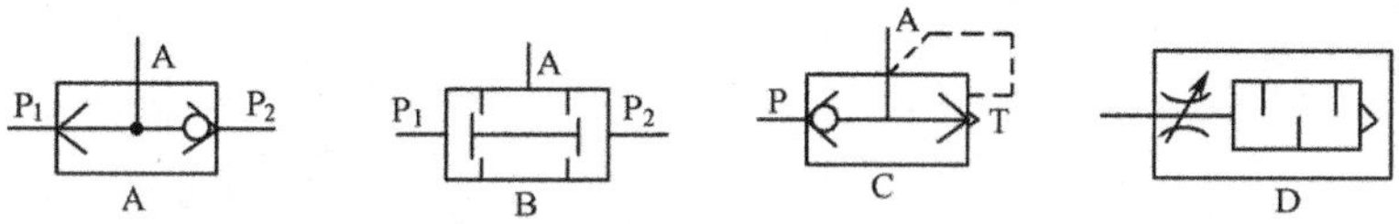

（2）气动方向控制阀的控制方式有哪些？

（3）如图 3-30 所示的双手同时操作回路为什么能起到保护操作者的作用？

（4）说明如图 3-37 所示的回路的作用。

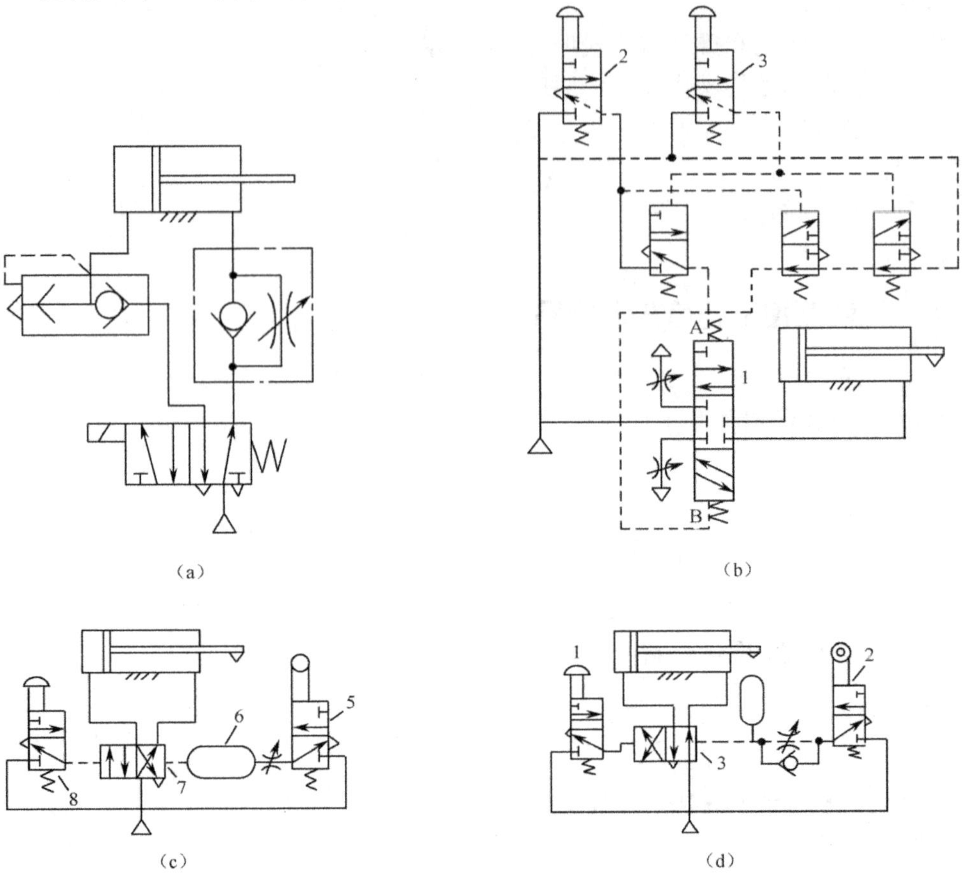

图 3-37　四种回路示意图

（5）什么是延时控制回路？它相当于电器元件中的什么元件？

第4章 数控机床上的气压系统

气压传动技术是实现工业生产自动化和半自动化的方式之一。本章主要介绍气压传动系统在数控机床上的应用。在阅读气压传动系统图时，一是要了解系统的工作程序；二是要能看懂图中各元件的图形符号，了解其功能；三是能按工作程序图逐个分析其程序动作，了解程序转换的控制元件，加深对气压传动系统的理解。

本章重点：

（1）分析数控加工中心气动换刀系统；

（2）分析数控铣床气动系统；

（3）学会分析气压传动系统的工作原理和特点。

4.1 数控加工中心气动换刀系统

气动系统在数控机床及加工中心上均得到广泛的运用，例如在 XH754 卧式加工中心（如图 4-1 所示）的换刀装置中，其换刀过程如下。

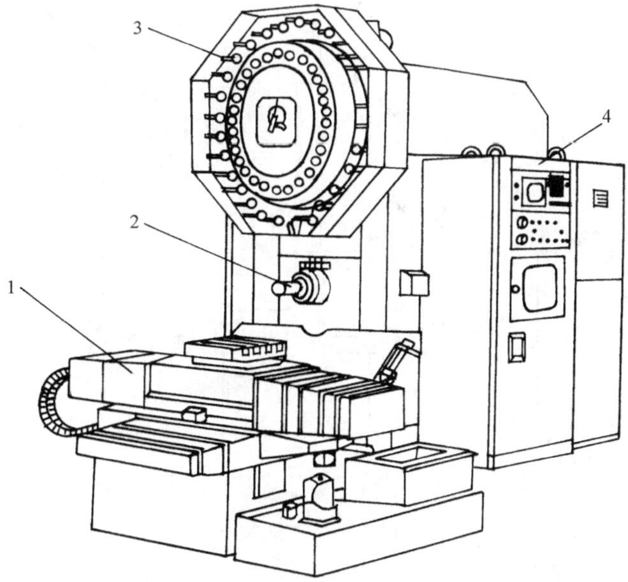

1—工作台；2—主轴；3—刀库；4—数控柜

图 4-1 数控加工中心

① 主轴定位。主轴 2 准确停转，然后主轴箱上升，待卸刀具插入刀库 3 的空挡位置，刀具即被刀库中的定位卡爪钳住。

② 主轴松刀。主轴内刀杆自动夹紧装置放松刀具。

③ 拔刀。刀库伸出，从主轴锥孔中将待卸刀具拔出。

④ 刀库转位。将选好的刀具转到最下面的位置。

⑤ 主轴锥孔吹气。压缩空气将主轴锥孔吹净。

⑥ 插刀。刀库退回，将新刀插入主轴锥孔中。

⑦ 刀具夹紧。主轴内夹紧装置将刀杆拉紧。

⑧ 主轴复位。主轴下降到加工位置，开始下一步的加工。

这种换刀机构不需要机械手，结构比较简单。刀库转位由伺服电动机通过齿轮、蜗杆蜗轮的传动来实现。气压传动系统在换刀过程中实现主轴的定位、松刀、拔刀、向主轴锥孔吹气和插刀等动作。

气动换刀系统图如图 4-2 所示。其工作原理为，当数控系统发出换刀指令，主轴停转，同时 4YA 通电，压缩空气经气动三大件 1→换向阀 4→单向节流阀 5→主轴定位缸 A 的右腔，缸 A 活塞左移，使主轴自动定位。定位后压下无触点开关，使 6YA 通电，压缩空气经换向阀 6→快速排气阀 8→气液增压缸 B 的上腔→增压缸的活塞伸出，实现主轴松刀，同时使 8YA 通电，压缩空气经换向阀 9→单向节流阀 11→缸 C 的上腔，活塞下移实现拔刀。回转刀库转位，同时 1YA 通电，压缩空气经换向阀 2 过单向节流阀 3 向主轴锥孔吹气。稍后 1YA 断电，2YA 通电，停止吹气。8YA 断电，7YA 通电，压缩空气经换向阀 9→单向节流阀 10→缸 C 的下腔，活塞上移，实现插刀。6YA 断电，5YA 通电，压缩空气经换向阀 6→气液增压缸 B 的下腔，活塞上移，主轴的机械机构使刀具夹紧。4YA 断电，3YA 通电，缸 A 的活塞在弹簧力的作用下复位，恢复到开始状态，换刀结束。

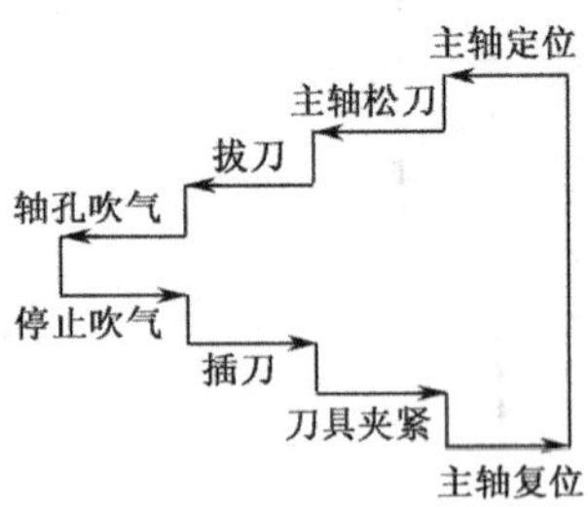

（a）工作循环图

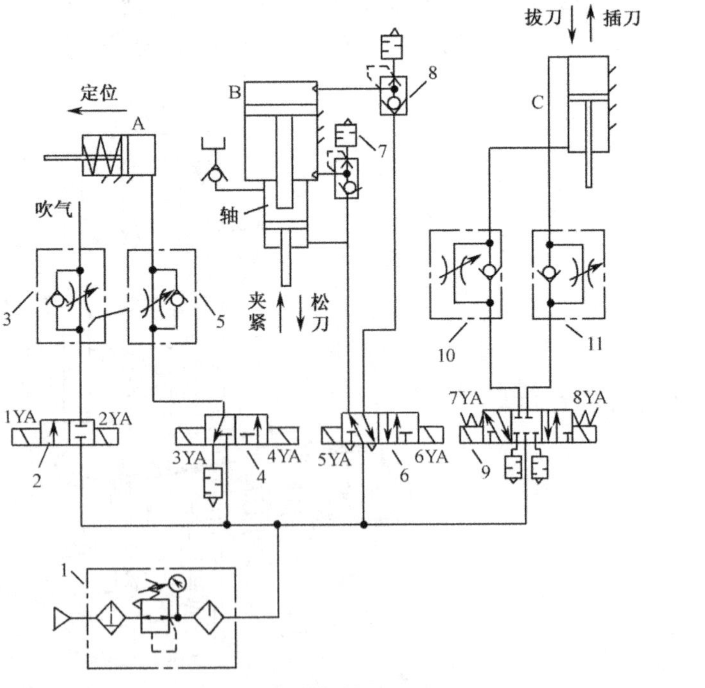

（b）原理图

图 4-2　数控加工中心换刀系统

在工作循环中，各电磁阀的电磁铁动作顺序见表 4-1。

表 4-1　电磁阀的电磁铁动作顺序

电磁铁 动作	1YA	2YA	3YA	4YA	5YA	6YA	7YA	8YA
主轴定位				+				
主轴松刀				+		+		
拔刀				+		+		+
主轴锥孔吹气	+			+		+		+
吹气停	−	+		+		+		+
插刀				+		+	+	−
刀具夹紧				+	+	−		
主轴复位			+	−				

注：“+”表示电磁铁通电；“−”表示电磁铁断电。

4.2　数控铣床气动系统

XK5032 型三轴数控立式升降台铣床上气动系统主要用于刀具夹紧机构中。下面介绍其气动工作原理。气动系统原理图如图 4-3 所示。

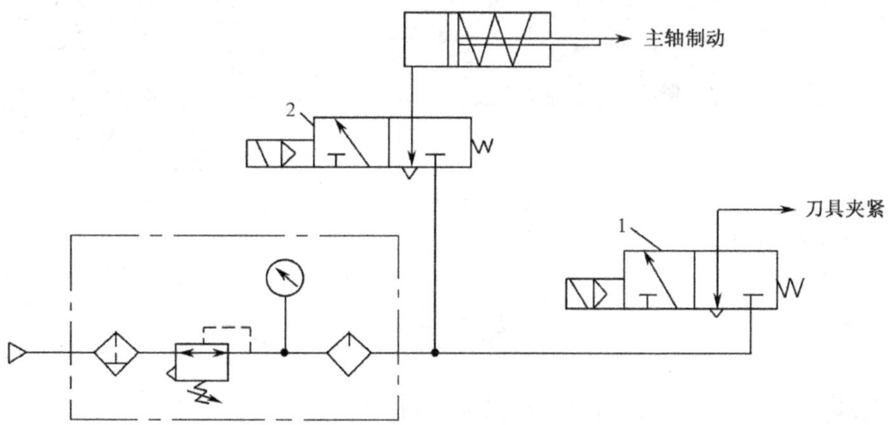

1,2—光导式电磁阀

图 4-3　气动系统原理图

该系统由气源调节装置（气动三大件）、二位三通电磁阀、气缸等元件组成，气源压力为 0.6～0.7MPa，其工作原理如下所述。

4.2.1　卸刀

机床刀具的卸刀是由一个常闭型的二位三通先导式电磁阀 1 来控制的。当更换刀具时，可按下按钮，接通电磁阀。压缩空气由主轴套筒（如图 4-4 所示）上部进入气缸，推动活塞及锁紧套向下运动，此时钢球分开，锁紧套推动刀柄向下与主轴锥孔分离。必须注意的是，在卸刀时，应先用手握住刀柄，然后再启动电磁阀按钮，以防刀柄掉落，损坏零件或工作台面。

4.2.2 装刀

在装刀时，必须先启动电磁阀，然后将刀柄缺口对准主轴端面键，向上推入主轴锥孔，直至碰到锁紧套不能向上为止。此时断开电磁阀，锁紧套依靠弹簧的恢复力向上运动，六个钢球卡入拉钉的凹槽部分将刀柄锁紧。

4.2.3 主轴制动

在装卸刀具时，为避免主轴跟转，机床另有一个先导式电磁阀 2 来单独控制。当需要主轴制动时，可启动电磁阀，然后用手慢慢转动主轴，使气缸活塞杆插入主轴带轮（在图 4-4 中未画出，它位于主轴的上端）的孔中，使主轴制动。

必须注意的是，只有当主轴停止旋转时，才能启动控制电磁阀的两个按钮。

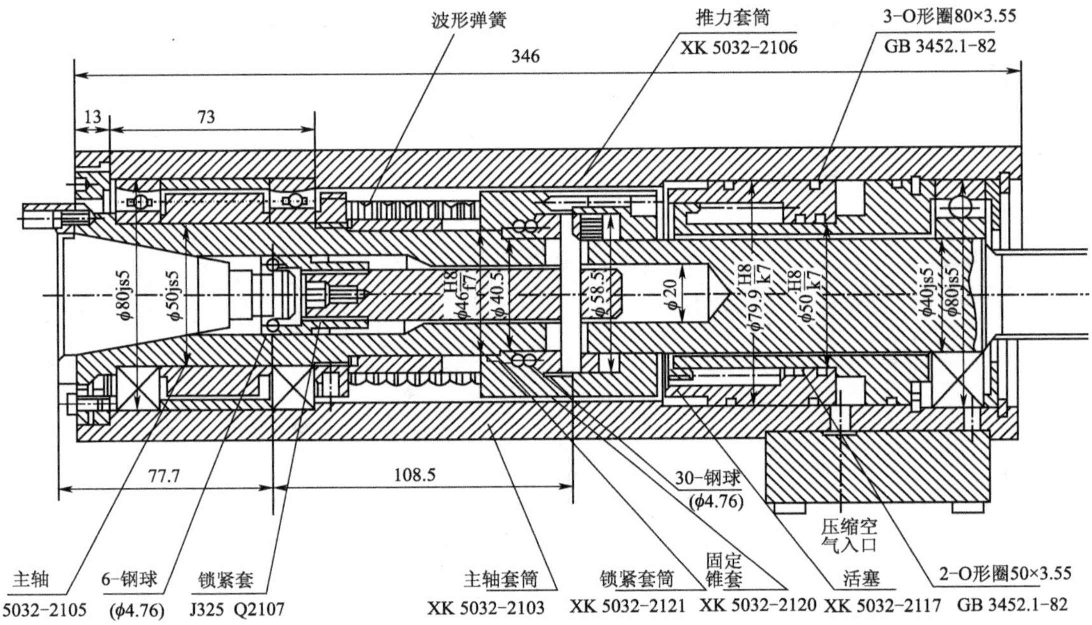

图 4-4 数控铣床主轴结构图

4.3 气动系统常见故障及其排除方法

气动系统的常见故障及其排除方法见表 4-2 和表 4-3。

表 4-2 方向阀的常见故障及其排除方法

故障现象	产生原因	排除方法
不能换向	（1）阀的滑动阻力大，润滑不良	（1）进行润滑
	（2）O 形密封圈变形	（2）更换密封圈
	（3）粉尘卡住滑动部分	（3）消除粉尘
	（4）弹簧损坏	（4）更换弹簧
	（5）阀操纵力小	（5）检查操纵部分
	（6）活塞密封圈磨损	（6）更换密封圈

续表

故障现象	产生原因	排除方法
阀产生振动	(1)空气压力低(先导型)	(1)提高操纵压力,采用直动型
	(2)电源电压低(电磁阀)	(2)提高电源电压,使用低电压线圈
交流电磁铁有蜂鸣声	(1)I 型活动铁心密封不良	(1)检查铁心的接触情况和密封性,必要时更换铁心组件
	(2)粉尘进入 I,T 铁心的润滑部分,使活动铁心不能密切接触	(2)清除粉尘
	(3)T 型活动铁心的铆钉脱落,铁心叠层分开不能吸合	(3)更换活动铁心
	(4)短路环损坏	(4)更换固定铁心
	(5)电源电压低	(5)提高电源电压
	(6)外部导线拉得太紧	(6)引线长度应宽裕
电磁铁动作时间偏差大,或有时不能动作	(1)活动铁心锈蚀,不能移动;在湿度高的环境中使用气动元件时,由于密封不完善而向铁磁部分泄漏空气	(1)铁心除锈,修理好对外部的密封,更换损坏的密封件
	(2)电源电压低	(2)提高电源电压或使用与电压相符合的线圈
	(3)粉尘进入活动铁心的滑动部分	(3)清除粉尘
线圈烧损	(1)环境温度高	(1)按产品规定温度范围使用
	(2)快速循环使用	(2)使用高速电磁阀
	(3)因为吸引时电流大,单位时间耗电多,温度升高,使绝缘损坏而短路	(3)使用气动逻辑回路
	(4)粉尘夹在阀和铁心之间,不能吸引活动铁心	(4)清除粉尘
	(5)线圈上残余电压	(5)使用正常的电源电压,使用符合电压的线圈
切断电源,活动铁心不能退回	粉尘夹入活动铁心的滑动部分	清除粉尘

表 4-3 气缸的常见故障及其排除方法

故障现象	产生原因	排除方法
外泄漏 (1)活塞杆与密封衬套间漏气 (2)气缸与端盖间漏气 (3)从缓冲装置的调节螺钉处漏气	衬套密封圈磨损	更换衬套密封圈
	活塞杆偏心	重新安装,使活塞杆不受偏心负荷
	活塞杆有伤痕	更换活塞杆
	活塞杆与密封衬套配合面内有杂质	除去杂质,安装防尘盖
	密封环损坏	更换密封圈
内泄漏 活塞两端串气	活塞密封圈损坏	更换活塞密封圈
	润滑不良,活塞被卡住	重新安装,使活塞杆不受偏心负荷
	活塞配合面有缺陷,杂质挤入密封面	缺陷严重者更换零件,除去杂质
输出力不足,动作不平稳	润滑不良	调节或更换油雾器
	活塞或活塞杆被卡住	检查安装情况,消除偏心
	气缸体内表面有锈蚀或缺陷	视缺陷大小再决定排除故障的办法
	进入了冷凝水、杂质	加强对空气过滤器和除油器的管理 定期排放污水
缓冲效果不好	缓冲部分的密封圈密封性能差	更换密封圈
	调节螺钉损坏	更换调节螺钉
	气缸速度太快	研究缓冲机构的结构是否合适

续表

故障现象	产生原因	排除方法
损伤 （1）活塞杆折断 （2）端盖损坏	有偏心负荷	调整安装位置，消除偏心，使轴销摆动角一致
	摆动气缸安装轴销的摆动面与负荷摆动面不一致；摆动轴销的摆动角过大，负荷很大，摆动速度又快，有冲击装置的冲击加到活塞杆上；活塞杆承受负荷的冲击；气缸的速度太快	确定合理的摆动速度，冲击不得加在活塞杆上，设置缓冲装置
	缓冲机构不起作用	在外部或回路中设置缓冲机构

4.4 操作训练

4.4.1 训练项目

数控机床的换刀过程和故障分析。

4.4.2 训练目的

对数控机床进行操作，熟悉其气动系统的功能和相关的动作操作，分析气动系统的工作原理图，能查找故障原因。

4.5 气压传动系统的其他应用实例

4.5.1 气液动力滑台气压传动系统

气液动力滑台是采用气-液阻尼缸作为执行元件，由于在它的上面可安装单轴头、动力箱或工件，因而在机械设备中常用来作为实现进给运动的部件。

气液动力滑台气压传动系统的原理图如图 4-5 所示。该气-液动力滑台能实现下面两种工作循环。

1. 快进→慢进(工进) →快退→停止

实现该工作循环时，图中手动阀 4 必须处于图 4-5 所示状态，其工作原理为：

当手动阀 3 切换到右位时，实际上就是给予进刀信号，在气压作用下，气缸中活塞开始向下运动，液压缸中活塞下腔的油液经行程阀 6 的左位和单向阀 7 进入液压缸活塞的上腔，实现了快进；当快进到活塞杆上的挡铁 B 切换行程阀 6（使它处于右位）后，油液只能经节流阀 5 进入活塞上腔，调节节流阀的开度，即可调节气-液阻尼缸运动速度，所以活塞开始慢进（工作进给）；当慢进到挡铁 C 使行程阀 2 复位时，输出气信号使阀 3 切换到左位，这时气缸活塞开始向上运动。液压缸活塞上腔的油液经阀 8 的左位和手动阀 4 中的单向阀进入液压缸下腔，实现了快退；当快退到挡铁 A 切换阀 8 至图 4-5 所示位置而使油液通道被切断时，活塞便停止运动。所以改变挡铁 A 的位置，就能改变“停”的位置。

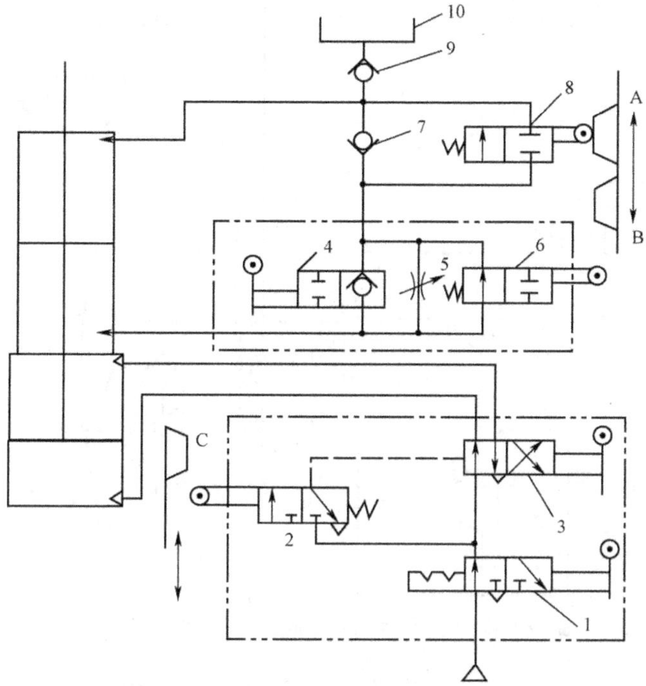

1，3，4—手动换向阀；2，6，8—行程换向阀；5—节流阀；7，9—单向阀；10—补油箱

图 4-5　气液动力滑台气压传动系统的原理图

2．快进→慢进→慢退→快退→停止

实现该工作循环时，图中手动阀 4 必须关闭（处于左侧），其工作原理为：

该工作循环中的快进→慢进的动作原理与上述相同。当慢进至挡铁 C 切换行程阀 2 至左位时，输出气信号使阀 3 切换到左位，气缸活塞开始向上运动，这时液压缸活塞上腔的油液经行程阀 8 的左位和节流阀 5 进入活塞下腔，即实现了慢退（反向进给）；慢退到挡铁 B 离开阀 6 的顶杆而使其复位（处于左位）后，液压缸活塞上腔的油液就经阀 8 的左位、阀 6 的左位而进入活塞下腔，开始快退；快退到挡铁 A 切换阀 8 至图 4-5 所示位置时而使油液通路被切断时，活塞就停止运动。

图 4-5 中带定位机构的手动阀 1、行程阀 2 和手动阀 3 实际上被组合成一只组合阀块，阀 4、5 和 6 也被组合为一组合阀块。

图 4-5 中补油箱 10 和单向阀 9 是为了补偿系统中的漏油而设置的，因此可用油杯来代替。

4.5.2　汽车车门的安全操作系统

汽车车门的安全操纵系统原理图如图 4-6 所示。它能控制汽车车门的开和关，而且当车门在关闭过程中遇到故障时，能使车门再自动开启，起安全保护作用。

该系统中，车门的开和关靠气缸 12 来实现，气缸由气控换向阀 9 来控制，而气控换向阀又由 1、2、3、4 四个按钮式换向阀操纵，气缸运动速度的快慢由单向节流阀 10 或 11 来调节。起安全保护作用的机动控制换向阀 5 安装在车门上。

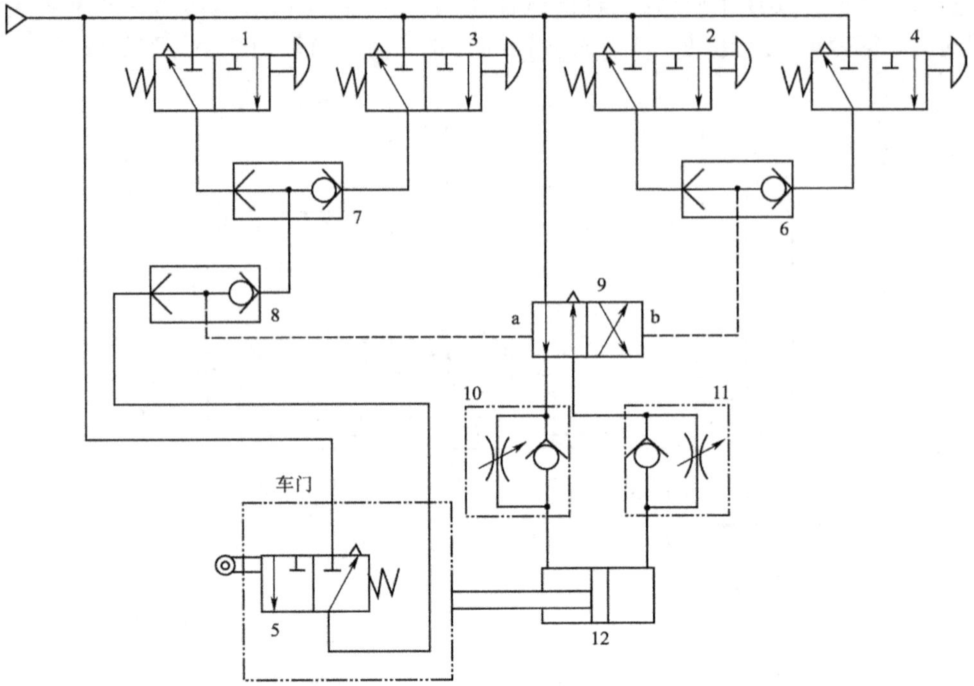

1，2，3，4—手动换向阀；5—行程换向阀；6，7，8—梭阀；9—气控换向阀；10，11—单向节流阀；12—气缸

图4-6 汽车车门安全操纵系统原理图

1．车门的开启

操纵手动阀1或阀3时，压缩空气便经阀1或阀3到梭阀7和8，把控制信号送到阀9的a端，阀9处于左位，压缩空气便经阀9和阀10中的单向阀到气缸有杆腔，推动活塞而使车门开启。

2．车门的关闭

操纵阀2或阀4时，压缩空气则经阀6把控制信号送到阀9的b端，阀9处于右位，此时压缩空气便经阀9右位和阀11的单向阀到气缸的无杆腔，使车门关闭。

3．安全保护

车门在关闭过程中若碰到障碍物，便推动机动换向阀5使压缩空气经阀5把控制信号由阀8送到阀9的a端，使车门重新开启。但若阀2或阀4仍然保持按下状态，则阀5不起自动开启车门的安全作用。

习题4

（1）在如图4-2所示的数控加工中心气动换刀系统中，夹紧缸采用了气液增压缸，为什么？

（2）简述XK5032数控铣床上的刀具装卸过程。

（3）如图4-7所示为组合机床中的工件夹紧气压传动系统图，试分析和回答相关问题：

① 指出各元件的名称；

② 该系统能实现怎样的工作循环；

③ 写出工件夹紧的进回气路。

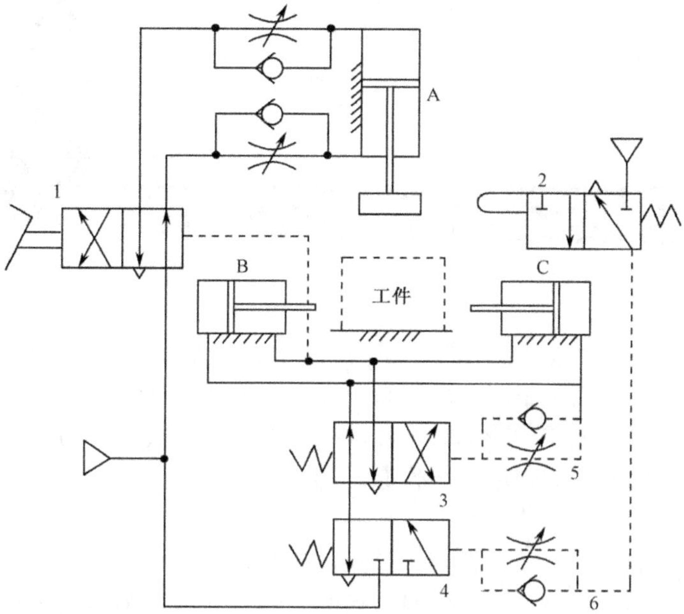

图 4-7　工件夹紧气压传动系统图

（4）根据图 4-5 所示的气液动力滑台气压传动系统，回答下列问题：

① 指出该系统能实现两种工作循环的控制元件；

② 分别指出实现“快进”、“慢进”、“慢退”、“快退”、“停止”动作的发令元件；

③ 分别写出“快进”的进回气油路。

（5）根据图 4-6 所示的汽车车门安全操纵系统，回答下列问题：

① 系统由哪些基本回路组成；

② 车门开启、关闭、安全操纵的动作分别由哪些阀来控制；

③ 指出防止夹伤的动作过程。

第5章

液压元件的基础知识

近几十年来，液压技术发展非常快，广泛应用于工业、农业和国防等领域中的各个部门，特别在机床行业中，由于采用液压传动可以实现无级变速、自动化和在往复运动中实现频繁的换向等，它的应用正在不断地扩大和改善。本章介绍液压传动的组成，以及液压动力元件、执行元件和辅助元件的作用、工作原理和应用特点。

本章重点：

（1）各类液压泵的结构、工作特点及选用；

（2）各类液压缸的工作特点，液压缸的密封、缓冲和液压马达的工作原理；

（3）液压辅助元件的功能。

5.1 液压传动概述

首先以液压千斤顶为例，初步了解液压传动的工作原理。

液压千斤顶的工作原理图如图 5-1 所示。液压千斤顶由杠杆 1、小缸体 2、小活塞 3 等组成的手动柱塞液压泵和由大活塞 8、大缸体 9 等组成的液压缸构成。提起杠杆 1 使小活塞 3 向上移动，小活塞 3 下腔容积增大，形成局部真空，油箱 12 中的油液在大气压力的作用下，通过吸油管 5 推开单向阀 4 进入小缸体 2 的下腔。压下杠杆 1、小活塞 3 向下移动，小缸体 2 的密封容积减小，油压升高，单向阀 4 关闭，油液经管道 6 推开单向阀 7 中的钢球，进入大缸体 9 的下腔，推动大活塞 8 将重物 W 举起。反复提压杠杆 1，可使重物不断上升，达到起重的目的。当工作完毕，打开截止阀 11，大缸体 9 下腔的油液通过管道 10、截止阀 11 流回油箱，大活塞 8 在重物和自重作用下向下移动，回到原来位置。由此可见，液压千斤顶利用油液作为工作介质实现了能量的传递。

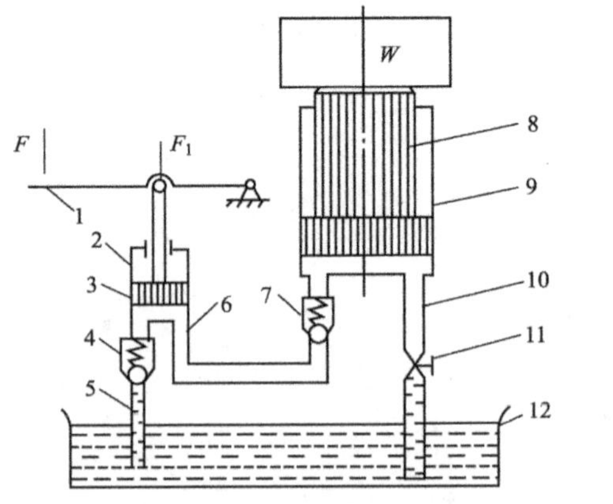

1—杠杆；2—小缸体；3—小活塞；4,7—单向阀；5—吸油管；6,10—管道；8—大活塞；9—大缸体；11—截止阀；12—油箱

图 5-1 液压千斤顶的工作原理图

液压传动系统主要组成部分见表 5-1。

表 5-1　液压传动系统的组成

组　　成	作　　用	常用液压元件
动力部分	将电动机输入的机械能转换为液压能	液压泵
执行部分	将液体的压力能转换为机械能，输出直线或旋转运动	液压缸、液压马达
控制部分	控制传动系统中液体的压力、流量和方向	各类控制阀
辅助部分	输送或贮存油液	油管、管接头等
工作介质	传递能量的载体，同时起到润滑的作用	液压油

5.2 液压泵

液压泵是液压系统中将机械能转换为油液的压力能的能量转换装置。液压泵作为液压系统的动力元件，向系统提供压力油液。

5.2.1　液压泵的工作原理和性能参数

1. 工作原理和分类

液压泵的工作原理示意图如图 5-2 所示。当偏心轮 1 被其他动力（例如电动机）带动旋转时，柱塞 2 在缸体 3 中往复移动。当柱塞向右移动时，密封油腔 a 的容积逐渐增大，产生局部真空，油箱中的油液在大气压力作用下顶开单向阀 6 进入油腔 a，完成泵的吸油过程。当柱塞向左移动时，油腔 a 的容积变小，油腔中油液使单向阀 6 切断与油箱的通路，并顶开单向阀 5 进入系统中，完成压油过程。偏心轮不断旋转，泵就不断地吸油和压油。由此可见，泵是靠密封工作腔的容积变化进行工作的，因此，这种液压泵称为容积式液压泵。

由上可知，容积式液压泵正常工作必须具备的条件如下。

① 具有密封容积。

② 密封容积能交替变化。

③ 应有配流装置。其作用是保证密封容积在吸油过程中与油箱相通，同时关闭供油管路；压油时与供油管路相通而与油箱切断。图 5-2 中的单向阀就是配流装置。

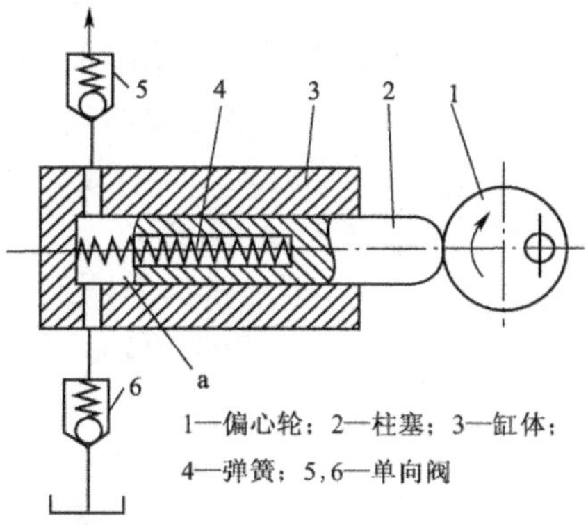

1—偏心轮；2—柱塞；3—缸体；
4—弹簧；5,6—单向阀

图 5-2　液压泵的工作原理示意图

配流装置随着泵的结构不同而有不同的形式。

④ 吸油过程中油箱必须和大气相通。

液压泵的种类很多，若按结构形式，可分为齿轮泵、叶片泵、柱塞泵、螺杆泵等；若按泵的输出流量能否调节，可分为定量泵和变量泵；若按泵的额定压力高低，可分为低压泵、中压泵和高压泵；若按泵的输出油液方向，又可分为单向泵和双向泵。

2. 性能参数

（1）液压泵的压力

压力是指液体在单位面积上所受的作用力，$p=\dfrac{F}{A}$。液压泵的压力可分为工作压力和额定压力。

工作压力是指液压泵在实际工作时输出油液的压力，其大小取决于工作负载。

额定压力是指泵在正常工作条件下，允许达到的最大工作压力。液压泵必须在额定工作压力之内工作，超过此值将使泵过载。各种泵的额定压力受泵本身的结构、泄漏的限制而不同。为满足各种液压系统所需的不同压力，液压泵的压力分为不同的等级，见表5-2。

表5-2 液压泵的压力等级

压力等级	低压	中压	中高压	高压	超高压
压力/MPa	≤2.5	2.5～8	8～16	16～32	>32

（2）液压泵的排量和流量

排量 V_p 是指不考虑泄漏情况下泵轴转一周所排出的油液体积。常用单位为 mL/r 或 cm^3/r。其大小取决于泵的密封容积的变化值。

流量是指泵在单位时间内输出的油液体积。流量按工作条件的不同，有理论流量、实际流量和额定流量之分。

理论流量 q_t 是指在不考虑泄漏的情况下，单位时间内输出的油液体积。常用单位为 L/min，它等于泵的排量 V_p 与其转速 n 的乘积，即 $q_t=V_p \times n$。

实际流量 q_p 是指泵在实际工作压力下输出的流量。由于泵存在泄漏损失，所以泵的实际流量小于理论流量。

额定流量 q_n 是指泵在额定转速和额定压力下输出的流量，即铭牌上标出的流量。

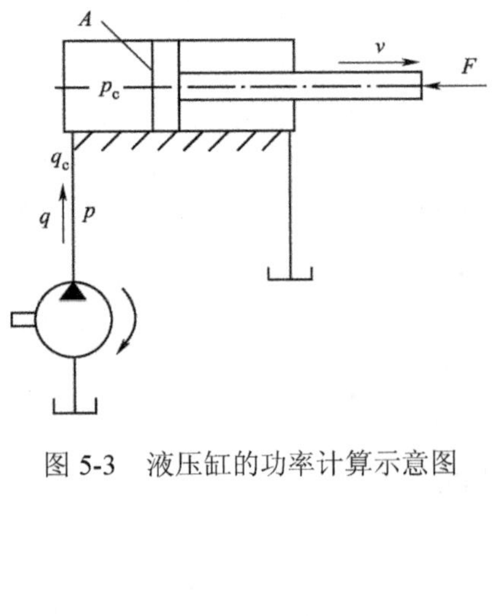

图5-3 液压缸的功率计算示意图

（3）液压泵的功率和效率

液压缸的功率计算示意图如图5-3所示。若不计液压缸本身的效率（即不考虑其泄漏和摩擦损失等），则液压缸的输入功率 P_c 就等于液压缸的输出功率，由物理学可知，功率等于力和速度的乘积，即

$$P_c=F \times v$$

由于

$$F=p_c \times A;\ v=q_c/A$$

代入上式可得

$$P_c=p_c\times A\times q_c/A=p_c\times q_c$$

由上式可知，液压缸的输入功率等于液压缸的工作压力 p_c 和进入液压缸的流量 q_c 的乘积。

液压泵的输出功率 P_o 是泵的工作压力和实际输出流量的乘积，即

$$P_o=p_p\times q_p$$

考虑到液体流动中有压力损失和泄漏，因而一般按下面经验公式计算所需液压泵的最高工作压力 p_p 及泵的流量 q_p，即

$$p_p=p_c\times K_p;\quad q_p=q_c\times K_l$$

式中　K_p——系统的压力损失系数，一般 K_p=1.3～1.5，系统复杂或管路较大者取大值，反之取小值；

K_l——泄漏系数，一般 K_l=1.1～1.3，系统复杂或管路较大者取大值，反之取小值。

液压泵的输出功率总是小于输入功率，两者之差即为功率损失。功率损失又可分为容积损失（泄漏造成的流量损失）和机械损失（摩擦造成的转矩损失）。通常容积损失用容积效率 η_v 表示，机械损失用机械效率 η_m 表示。液压泵的总效率 $\eta=\eta_v\eta_m$。

按照泵的输出功率和总效率可按下式计算出所配套的电动机的功率 P_m。

$$P_m=P_o/\eta=p_pq_p/\eta_v\eta_m$$

【例 5-1】　某液压泵在转速 n=950r/min 时，理论流量 q_t=160L/min。在同样的转速和压力 p=29.5MPa 时，测得泵的实际流量为 q_p=150L/min，总效率 η=0.87，求：

（1）泵的容积效率；

（2）泵在上述工况下的机械效率；

（3）泵在上述工况下所需的电动功率。

解：（1）泵的容积效率 $\eta_v=\dfrac{q}{q_t}=\dfrac{150\times10^{-3}/60}{160\times10^{-3}/60}=0.94$

（2）泵的机械效率 $\eta_m=\dfrac{\eta}{\eta_v}=\dfrac{0.87}{0.94}=0.93$

（3）泵所需的电动功率

$$P_i=\frac{pq_p}{\eta}=\frac{29.5\times10^6\,\text{Pa}\times150\times10^{-3}\,\text{m}^3/60\text{s}}{0.87}=84.77\text{kW}$$

5.2.2　常用液压泵的工作原理和应用

1．齿轮泵

齿轮泵在液压系统中应用广泛。按其结构形式，齿轮泵可分为外啮合式和内啮合式两种。外啮合齿轮泵由于结构简单、制造方便、价格低廉、工作可靠、维修方便，已广泛应用于低压系统。

（1）外啮合齿轮泵

外啮合齿轮泵的工作原理图如图 5-4 所示。在泵体内有一对外啮合齿轮，齿轮两端面靠盖板密封，这样泵体、盖板和齿轮的各齿槽形成了多个密封腔，轮齿啮合线又把它们分隔成互不相通的吸油腔和压油腔。当齿轮按图示箭头方向旋转时，右侧油腔由于轮齿逐渐脱开啮合，使密封容积逐渐增大而形成真空，油箱中的油液在大气压力作用下经油管进入油腔，充满齿槽，并随着齿轮的旋转被带到左侧油腔。左侧油腔内的轮齿不断进入啮合，使密封容积逐渐减小，齿槽中的油液受挤压，从压油口排出。随着齿轮不断旋转，吸油腔不断吸油，压

油腔不断压油，使供油连续不断。齿轮泵的实物外形图如图 5-5 所示。

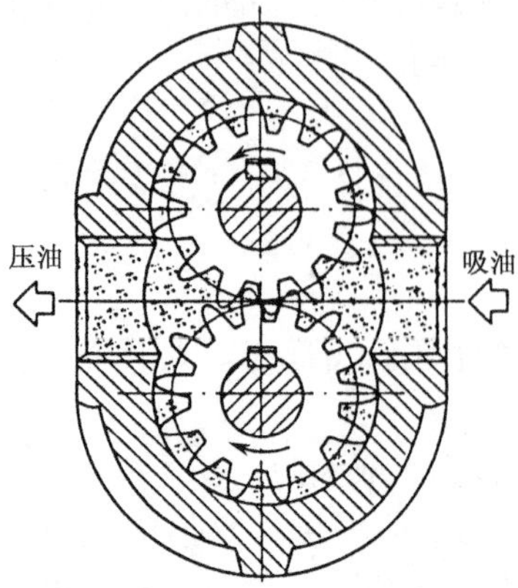

图 5-4　外啮合齿轮泵的工作原理图

图 5-5　齿轮泵的实物外形图

外啮合齿轮泵主要存在以下问题。

① 泄漏——齿轮泵压油腔的压力油通过三条途径泄漏到吸油腔，一是齿轮啮合处的间隙；二是齿顶与泵体内壁间的径向间隙；三是齿轮端面与前后端盖间的端面间隙。通过端面间隙的泄漏量最大，约占总泄漏量的 75%～80%，所以适当的控制端面间隙的大小是提高齿轮泵容积效率的重要措施。

② 困油现象——为使齿轮泵平稳地工作，齿轮啮合的重合度必须大于 1，即前一对轮齿尚未脱离啮合时，后一对齿轮已经进入啮合，因此在某一段时间内，会有两对轮齿同时啮合。此时，就有一部分油液被围困在这两对啮合的轮齿之间形成的一个密封容积内，此密封容积称为困油区。随着齿轮的旋转，困油区的容积将发生从大到小又从小到大的变化过程，分别如图 5-6（a）至（b）及图 5-6（b）至（c）所示。当容积减小时，困油区的油液受挤压，压力急剧上升，并从一切可能泄漏的缝隙中挤出，造成功率损失，轴承负载也增大。

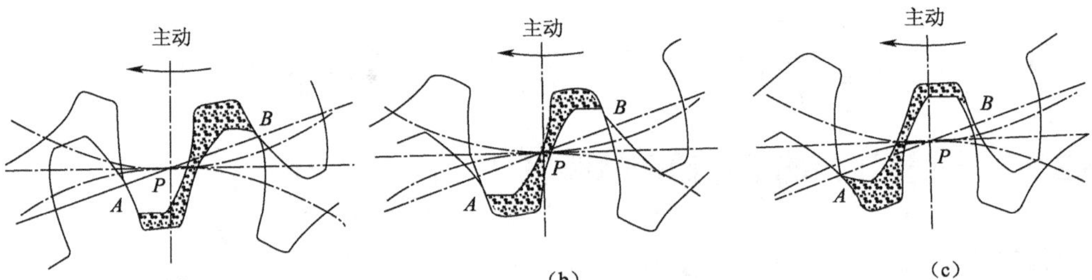

P—节点；*A*,*B*—两对轮齿的啮合点

图 5-6　齿轮泵的困油现象

当容积增大时，困油区产生真空度，使油液汽化，油液中的空气析出，形成气泡，气泡被带到液压系统内引起振动、噪声、气蚀。这种困油现象严重影响了齿轮泵的工作平稳性和使用寿命。为了消除困油现象，通常在两端泵盖内侧面上铣出两个卸荷槽，如图 5-7 的双点画线位置所示。开卸荷槽的原则是：当困油区容积缩小时，油液通过卸荷槽，能与压油腔相通，以便及时将被困油液排出；当困油区容积增大时，通过卸荷槽能与吸油腔相通，以便及时补油。

两个卸荷槽之间的距离 a 必须在任何时候都保证不使吸油腔和压油腔相通。对于模数为 m, $\alpha=20°$ 标准安装的渐开线齿轮 a=2.78m。当卸荷槽非对称布置时，在压油腔的一侧必

须保证 b=0.8m，如图 5-7（b）所示。卸荷槽的槽宽度 $c \geqslant 2.5$m，槽的深度 $h \geqslant 0.8$m。卸荷槽非对称布置的改进方法比对称布置的效果好。

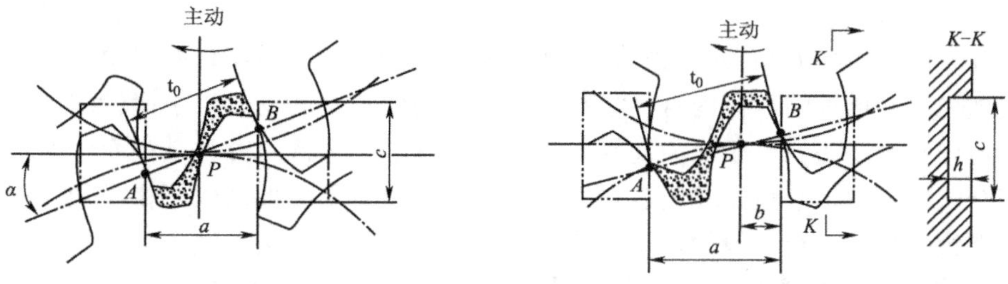

（a）卸荷槽对称布置　（b）卸荷槽非对称布置

图 5-7　齿轮泵困油卸荷槽

③ 径向不平衡力——由于吸油腔和压油腔的压力不同而形成两腔压力差，液体作用在齿轮外缘的压力是不均匀的，压力油由压油腔压力逐渐分级下降到吸油腔压力，如图 5-8 所示。这些液压的合力作用在齿轮轴上，使齿轮轴分别受到一个径向压力 p_1 和 p_2，它随工作压力的升高而增大，其结果加速了轴承磨损，降低了轴承寿命，甚至使轴变形，造成齿顶与泵体内壁的摩擦等。为了减小径向不平衡力对泵带来的不良影响，CB—B 型齿轮泵采取了缩小压油口的办法，其目的是减小压力油的作用面积。有的齿轮泵则在泵体上开径向力平衡槽 A, B，如图 5-8（b）所示。A 腔与高压腔相通，用来与高压腔形成压力平衡，B 腔与低压腔相通，以便使经过 A 腔的齿轮中的高压油卸压，采用这种方法虽可使作用在齿轮轴上的径向力保持平衡，但易造成内泄漏的增加，使容积效率降低。

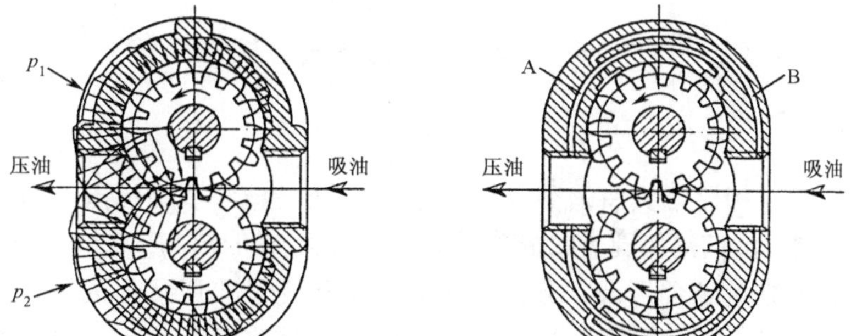

（a）齿轮泵的径向不平衡力　（b）齿轮泵径向力液压平衡原理

图 5-8　齿轮泵的径向不平衡力示意图

（2）高压齿轮泵的结构特点

一般齿轮泵由于泄漏大且存在径向不平衡力，限制了压力的提高。高压齿轮泵针对上述问题采取了一系列措施，例如，尽量减小径向不平衡力，提高轴与轴承的刚度，对端面间隙采用自动补偿装置等。端面间隙补偿原理图如图 5-9 所示。泵的出口处压力油直接引入到浮动轴套 1 的外侧 A 腔，在液体压力的作用下，使轴套紧贴齿轮 3 的侧面，从而消除端面间隙，在泵启动时，靠弹簧 4 来产

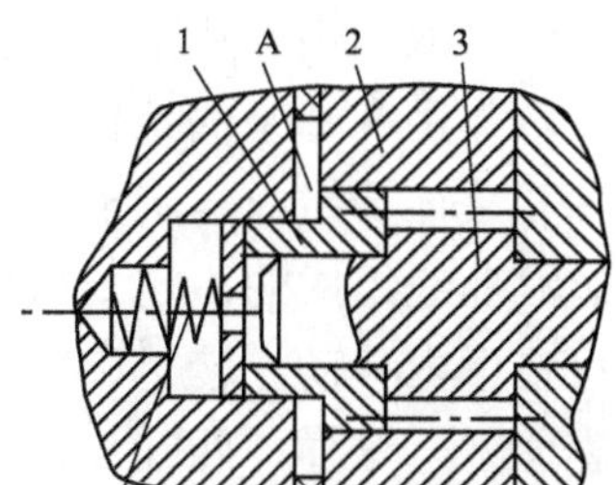

1—轴套；2—泵体；3—齿轮；4—弹簧

图 5-9　端面间隙补偿原理图

生预紧力，保证了启动时的端面密封。采用这种补偿装置的高压齿轮泵，压力可达到 10～16MPa，容积效率不低于 0.9。

（3）内啮合齿轮泵

内啮合齿轮泵有渐开线齿形和摆线齿形两种，如图 5-10 所示。它们也是利用齿间密封容积变化实现吸油和压油的。在内啮合齿轮泵中，小齿轮是主动轮。当小齿轮按图示方向旋转时，轮齿退出啮合，密封容积增大而吸油；轮齿进入啮合，密封容积减小而压油。在渐开线齿形内啮合齿轮泵中，小齿轮和内齿轮之间装有一块月牙形隔板，以便将吸油腔和压油腔隔开。对于摆线齿形内啮合齿轮泵，由于小齿轮和内齿轮相差一齿，故不需设置隔板。

内啮合齿轮泵结构紧凑、尺寸小、质量轻、运转平稳、噪声小，在高转速下工作有较高的容积效率。由于齿轮转向相同，相对滑动速度小、磨损小、使用寿命长，但齿形复杂、加工困难、价格较贵。

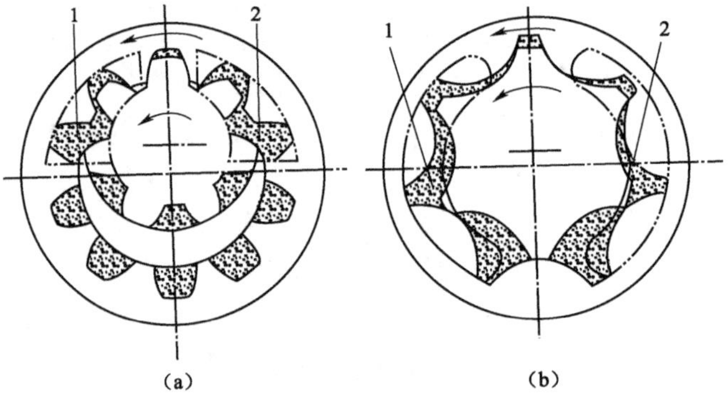

1—吸油腔；2—压油腔

图 5-10　内啮合齿轮泵齿形示意图

2. 叶片泵

叶片泵与齿轮泵相比，具有流量均匀、运转平稳、噪声小等优点，但也存在着结构复杂、吸油性能差及对油液污染比较敏感等缺点。叶片泵在机床液压系统中应用较广。

叶片泵按输出流量是否可调，分为定量叶片泵和变量叶片泵；按每转吸油和压油次数不同，分为单作用式和双作用式两种。单作用式叶片泵的转子每转一周，每个密封工作腔吸油、压油一次，输出流量可以改变，常做成变量叶片泵。双作用式叶片泵的转子每转一周，每个密封工作腔吸油、压油各两次，输出流量均匀，但输出流量不可改变，常做成定量叶片泵。

（1）双作用叶片泵

双作用叶片泵的工作原理图如图 5-11 所示。它主要由定子、转子、叶片、配油盘、传动轴和泵体等组成。定子的内表面是由两段长半径为 R 的圆弧、两段短半径为 r 的圆弧和四段过渡曲线组成的，定子与转子中心重合。转子上开有均布槽，矩形叶片安装在转子槽内，并可在槽内移动。转子旋转时，由于离心力和叶片根部油压的作用，叶片顶部紧贴在定子的内表面上，这样，两叶片之间和转子的外圆柱面、定子内表面及前后配油盘形成了若干个密封工作腔。图 5-11 中的转子逆时针方向旋转时，密封工作腔的容积在右上角和左下角处逐渐增大，形成局部真空而吸油，为吸油区。在左上角和右下角处逐渐减小而压油，为压油区。吸油区和压油区中间有一段封油区把它们隔开。这种泵的转子每转一周，每个密封工作腔吸油、压油各两次，故称为双作用叶片泵。又因为泵的两个吸油区和压油区是径向对称的，因而作用在转子上的径向液压力平衡，所以又称为卸荷式叶片泵。

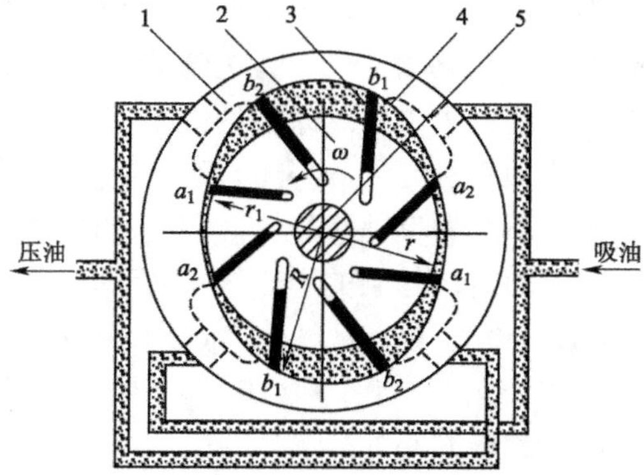

1—定子；2—转子；3—叶片；4—配油盘；5—传动轴

图 5-11　双作用叶片泵的工作原理图

（2）单作用叶片泵

单作用叶片泵的工作原理图如图 5-12 所示。它由转子、定子、叶片、配油盘、泵体等组成。与双作用叶片泵不同的是，定子的内表面是圆柱形，与转子间有一偏心距 e。转子旋转时，叶片依靠离心力使其顶部与定子内表面接触，配油盘上开有吸油和压油窗口各一个。转子每转一周，转子、定子、叶片和配油盘之间形成的密封容积只变化一次，完成一次吸油和压油，故称为单作用叶片泵。由于转子单方向承受压油腔油压的作用，径向力不平衡，所以又称为非卸荷式叶片泵，其工作压力不宜太高。

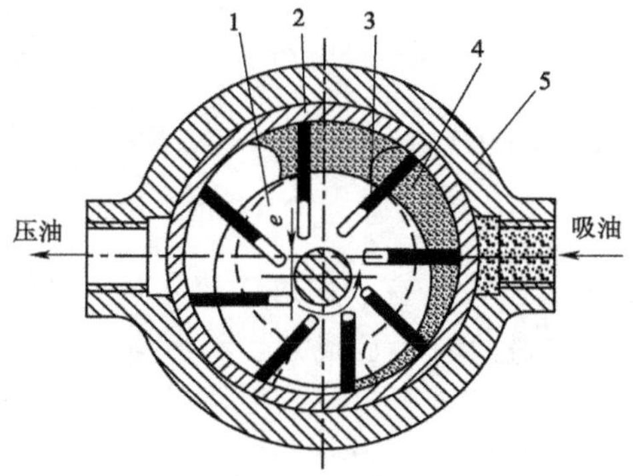

1—转子；2—定子；3—叶片；4—配油盘；5—泵体

图 5-12　单作用叶片泵的工作原理图

单作用叶片泵只要改变转子和定子的偏心距 e 和偏心方向，就可以改变输油量和输油方向，成为变量叶片泵。偏心距的调节可手动调节，也可自动调节。自动调节的变量泵根据其工作特性的不同分为限压式、恒压式、恒流量式三类，其中又以限压式应用较多。

限压式变量叶片泵是利用其工作压力的反馈作用实现变量的，它有外反馈和内反馈两种形式。外反馈式变量叶片泵的工作原理如图 5-13（a）所示。转子 2 的中心 O_1 固定，定子 3 可以左右移动。限压弹簧 5 推压定子与反馈液压缸 6 的活塞紧靠，这时定子中心 O_2 和转子中心 O_1 之间有一初始偏心距 e_0，它决定于泵需要输出的最大流量。泵工作时，反馈液压缸对定子施加向右的反馈力 p_A，当泵的工作压力 p 达到调定压力 p_B 时，定子所受反馈力与弹簧预紧力平衡；当泵的工作压力 $p<p_B$ 时，定子不动，保持初始偏心距 e_0 不变，泵的输出流量最大且保持基本不变；当泵的工作压力 $p>p_B$ 时，限压弹簧被压缩，定子右移，偏心距减小，泵的输出流量也相应减小；当泵的工作压力达到某一个极限值时，限压弹簧被压缩到最短，定子移到最右端，偏心距趋近于零，这时泵的输出流量为零。

内反馈式变量叶片泵的工作原理如图 5-13（b）所示。内反馈式变量叶片泵的工作原理与外反馈式相似，但偏心距改变不是靠反馈液压缸，而是靠内反馈液压力的直接作用。内反馈式变量叶片泵配油盘的吸、压油窗口与泵的中心线不对称，因此压力油对于定子内表面的作用力 F 与泵的中心线不重合，存在一个偏角θ，液压作用力 F 的水平分力 F_x 就是反馈力，它有压缩限压弹簧、减小偏心距的趋势。当 F_x 大于限压弹簧预紧力时，定子向右移动而减小偏心距，使泵的输出流量相应减小。

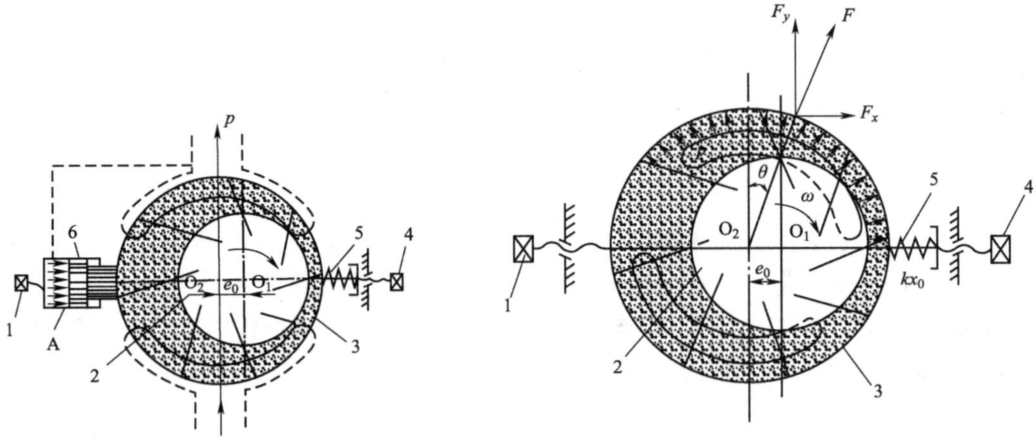

（a）外反馈式　　（b）内反馈式

1，4—调节螺钉；2—转子；3—定子；5—限压弹簧；6—液压缸

图 5-13　限压式变量叶片泵的工作原理图

限压式变量叶片泵适用于液压设备有“快进”、“工进”及“保压”系统的场合。快进时负载小，压力低，流量大；工作进给时，负载大，压力高，流量小；保压时，提供小流量补偿系统的泄漏。

（3）双联叶片泵

双联叶片泵是由两套双作用叶片泵的定子、转子和配油盘等在一个泵体内组合而成的，通过一根转动轴带动两个泵同时工作。它有一个共同的进油口和两个独立的出油口双联叶片泵结构与图形符号。如图 5-14 所示。

双联叶片泵的输出流量可以分开使用，也可以合并使用。例如，在有快速行程和工作进给要求的液压系统中，当快速轻载时，由大小两泵同时供给低压油；当低速重载时，高压小流量泵单独供油，大泵卸荷，这样可减少功率损耗，减少油液发热。双联叶片泵也可以用于液压系统中，需要有两个互不干扰的独立油路供油。

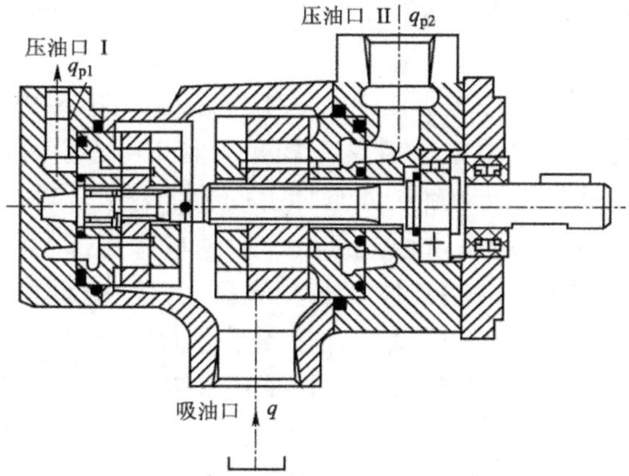

（a）结构示意图

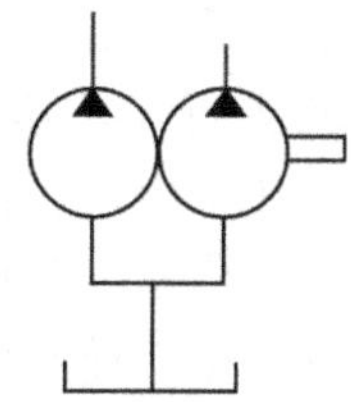

（b）图形符号

图 5-14　双联叶片泵结构图与图形符号

3．柱塞泵

叶片泵和齿轮泵受使用寿命或容积效率的影响，一般只适合作为中、低压泵。柱塞泵是依靠柱塞在缸体内进行往复运动，使密封容积产生变化而实现吸油和压油的。由于柱塞与缸体内孔均为圆柱表面，因此加工方便，配合精度高，密封性能好，容积效率高。同时，柱塞处于受压状态，能使材料的强度充分发挥。而且，只要改变柱塞的工作行程就能改变泵的流量。所以，柱塞泵具有压力高、结构紧凑、效率高、流量调节方便等优点。

柱塞泵按柱塞排列方向不同，分为径向柱塞泵和轴向柱塞泵两类。

（1）径向柱塞泵

径向柱塞泵的工作原理如图 5-15 所示。它主要由定子 1、转子（缸体）2、柱塞 3、配流轴 4 等零件组成，柱塞径向均布在转子柱塞孔中。转子和定子之间有一个偏心距 e。配流轴固定不动，上部和下部各做成一个缺口，两个缺口分别通过所在部位的两个轴向孔与泵的吸、压油口连通。当转子按图示方向旋转时，上半周的柱塞在离心力的作用下外伸，通过配流轴吸油；下半周的柱塞则受定子内表面的推压作用而缩回，通过配流轴压油；移动定子改变偏心距的大小，便可改变柱塞的行程，从而改变泵的排量。若改变偏心距的方向，则可改变吸、压油的方向。因此，径向柱塞泵可以做成单向或双向变量泵。

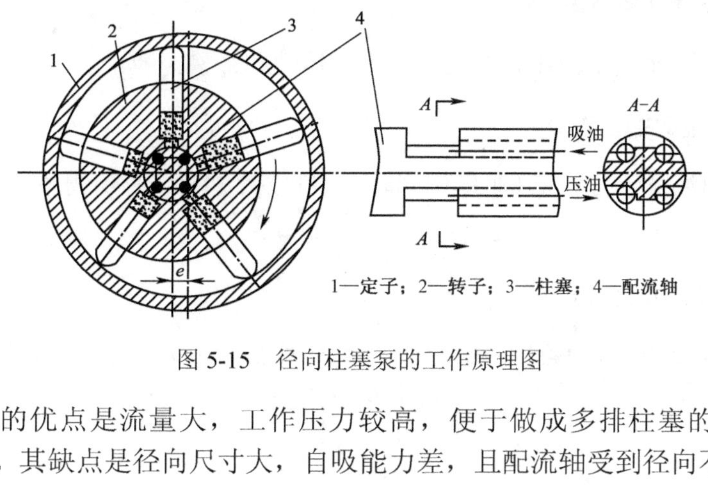

1—定子；2—转子；3—柱塞；4—配流轴

图 5-15　径向柱塞泵的工作原理图

径向柱塞泵的优点是流量大，工作压力较高，便于做成多排柱塞的形式，轴向尺寸小，工作可靠等。其缺点是径向尺寸大，自吸能力差，且配流轴受到径向不平衡液压力的作用，易于磨损，泄漏间隙不能补偿。这些缺点限制了泵的转速和压力的提高。

（2）轴向柱塞泵

轴向柱塞泵的柱塞沿轴向均布在缸体的柱塞孔中，其工作原理如图 5-16 所示。它主要由缸体 7、配流盘 10、柱塞 5 和斜盘 1 等组成。斜盘 1 和配流盘 10 固定不动，斜盘法线与缸体轴线夹角为斜盘倾角γ。缸体由轴 9 带动旋转，缸体上均布了若干个轴向柱塞孔，孔内装有柱塞 5，内套筒 4 在中心弹簧 6 的作用下，通过压板 3 而使柱塞头部的滑履 2 紧靠在斜盘 1 上，同时外套筒 8 在弹簧 6 的作用下，使缸体 7 和配流盘 10 紧密接触，起密封作用。在配流盘 10 上开有吸、压油窗口。当传动轴带动缸体按图示方向旋转时，在右半周内，柱塞逐渐向外伸出，柱塞与缸体孔内的密封容积逐渐增大，形成局部真空，通过配流盘的吸油窗口吸油；缸体在左半周旋转时，柱塞在斜盘 1 斜面作用下，逐渐被压入柱塞孔内，密封容积逐渐减小，通过配流盘的压油窗口压油；缸体每转一周，每个柱塞往复运动一次，吸、压油各一次。若改变斜盘倾角γ的大小，就能改变柱塞的行程长度 s，也就改变了泵的排量。如果改变斜盘倾角的方向，就能改变吸、压油的方向，而成为双向变量轴向柱塞泵。

设 D 为柱塞分布圆直径，d 为柱塞直径，z 为柱塞数目，泵的转速为 n，柱塞在缸体内的行程 $s=D\tan\gamma$，则泵的理论流量为 $q_V=\frac{\pi}{4}d^2Dzn\tan\gamma$。

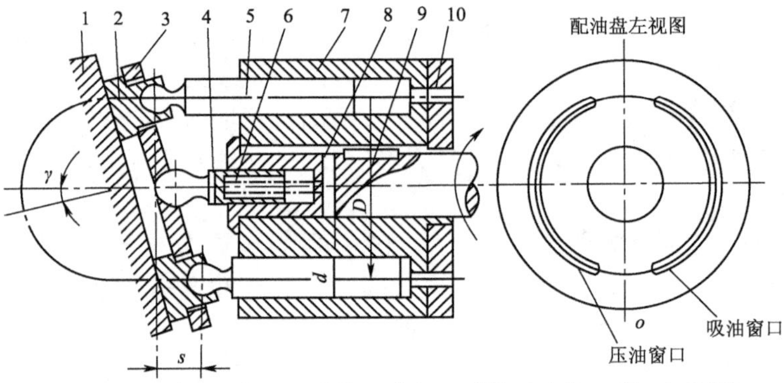

1—斜盘；2—滑履；3—压板；4, 8—套筒；5—柱塞；6—弹簧；7—缸体；9—轴；10—配流盘

图 5-16　轴向柱塞泵的工作原理图

5.2.3　液压泵的选用

选择液压泵主要是确定液压泵的流量、工作压力和结构类型。

1．确定液压泵的输出流量

液压泵的输出流量应满足液压系统中同时工作的各个执行元件所需最大的流量之和，即

$$q_p \geqslant K_{漏}\sum q_{vmax}$$

2．确定液压泵的工作压力

液压泵的工作压力应满足液压系统中执行元件所需的最大工作压力，即

$$p_p \geqslant K_{压}\cdot p_{max}$$

3. 液压泵类型的选择

一般情况下，齿轮泵多用于低压系统，叶片泵用于中压系统，柱塞泵用于高压系统。如果机床的负载较大，并有快速和慢速工作行程时，可选用限压式变量叶片泵或双联叶片泵；若用于机床辅助装置，例如，送料和夹紧等不重要的场合，可选用价格低廉的齿轮泵；负载大、功率大的刨床、拉床、压力机等设备，可选用柱塞泵。

在具体选择泵时，可参考表 5-3 所示的常用液压泵的性能比较，选用合适的结构形式。

表 5-3　常用液压泵的性能比较

类型 性能	外啮合齿轮泵	双作用叶片泵	限压式变量叶片泵	轴向柱塞泵	径向柱塞泵	螺杆泵
工作压力	低压	中压	中压	高压	高压	低压
流量调节	不能	不能	能	能	能	能
效率	低	较高	较高	高	高	较高
流量脉冲	最大	很小	一般	一般	一般	最小
自吸能力	好	较差	较差	差	差	好
噪声	大	小	较大	大	大	最小
对油污染的敏感性	不敏感	较敏感	较敏感	最敏感	最敏感	不敏感
单位功率成本	最低	中等	较高	高	高	较高

5.3 液压缸和液压马达

液压缸和液压马达是将液体压力能转换成机械能的能量转换装置，是液压系统的执行元件。液压缸一般用于实现直线往复运动或摆动，液压马达用于实现旋转运动。

5.3.1 液压缸的类型和特点

液压缸有多种形式，按其结构特点可分为活塞缸、柱塞缸、摆动缸；按作用方式可分为双作用式液压缸和单作用式液压缸。双作用式液压缸的两个方向的运动都由压力控制实现。单作用式液压缸只能使活塞单方向运动，其反方向必须依靠外力实现。

1. 活塞式液压缸

活塞式液压缸有双活塞杆液压缸和单活塞杆液压缸两种。

（1）双活塞杆液压缸

双活塞杆液压缸的两端都有活塞杆伸出。它主要由活塞杆压盖、缸盖、缸体、活塞、密封圈等组成，如图 5-17 所示。这种形式的液压缸，缸体固定在机床上。当液压油经油孔 a 进入液压缸的左腔时，推动活塞带动工作台向右运动；反之，活塞带动工作台向左运动。由于两个活塞杆相同，活塞两端的有效作用面积相同，若供油压力和流量不变，则活塞往复运动时两个方向的作用力相同，活塞往复运动速度相等。

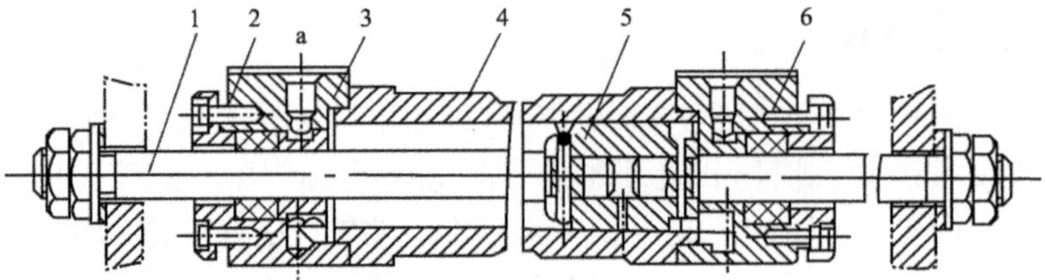

1—活塞杆；2—压盖；3—缸盖；4—缸体；5—活塞；6—密封面

图 5-17　双活塞杆液压缸

双活塞杆液压缸的推力和速度可按下式计算。

$$F = pA = \frac{\pi}{4}(D^2 - d^2)p$$

$$v = \frac{q_V}{A} = \frac{4q_V}{\pi(D^2 - d^2)}$$

式中　A——液压缸的有效工作面积；

p——液压缸油液压力；

q_V——进入液压缸的流量；

D——液压缸的内径；

d——活塞杆直径。

双活塞杆液压缸的固定方式除缸体固定方式外，还有活塞杆固定方式。缸体固定式结构，如图 5-18（a）所示，其运动范围约为活塞有效行程 L 的三倍，占地面积较大，一般用于中小型机床或液压设备。活塞杆固定式结构如图 5-18（b）所示，工作台的运动范围约为缸筒有效行程 L 的两倍，占地面积小，常用于中大型液压设备。

当压力油经空心活塞杆的中心孔及活塞处的径向孔 c 进入液压缸的左腔，左腔经径向孔 d 和活塞杆中心孔回油时，推动缸体带动工作台向左移动。

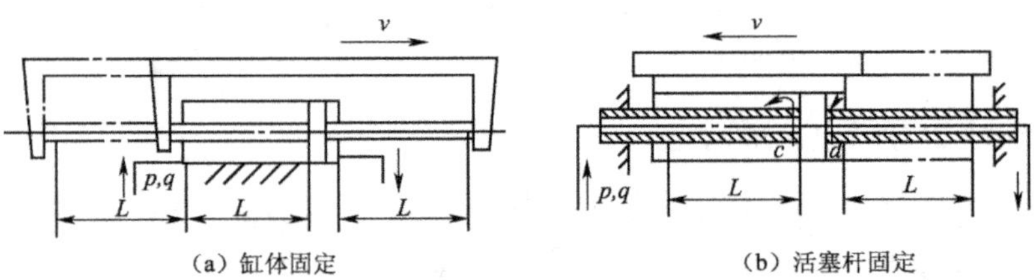

图 5-18　双活塞杆液压缸运动范围示意图

（2）单活塞杆液压缸

单活塞杆液压缸仅一端有活塞杆。由于液压缸两个腔的有效面积不相等，当输入液压缸两个腔的压力和流量相等时，活塞（或缸体）在两个方向上的速度和推力均不相等。

无杆腔进油、有杆腔回油的连接方式如图 5-19（a）所示；有杆腔进油、无杆腔回油的连接方式如图 5-19（b）所示；两腔同时进油方式，如图 5-19（c）所示，这种连接方式称为差动连接。这三种不同的连接方式下，活塞运动速度 v 和推力 F 各不相同，见表 5-4。

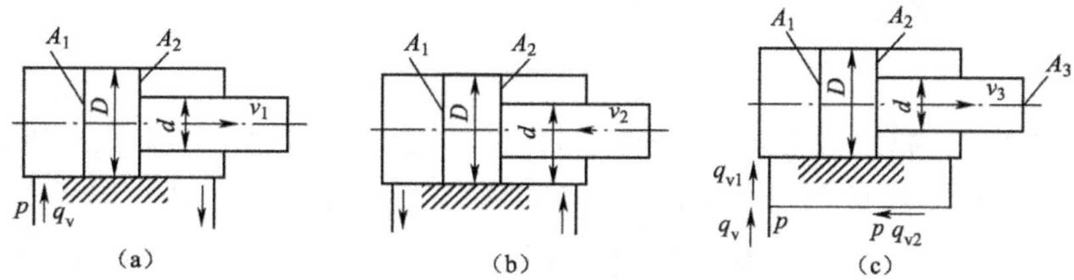

图 5-19　单活塞杆液压缸

表 5-4　单活塞杆液压缸的运动

连 接 方 式	活塞的推力 F	活塞的运动速度 v
无杆腔进油，有杆腔回油	$F_1=\frac{\pi D^2}{4}p$	$v_1=\frac{4q_V}{\pi D^2}$
有杆腔进油，无杆腔回油	$F_2=\frac{\pi}{4}(D^2-d^2)p$	$v_2=\frac{4q_V}{\pi(D^2-d^2)}$
差动连接	$F_3=\frac{\pi d^2}{4}p$	$v_3=\frac{4q_V}{\pi d^2}$

由表 5-4 可知，$v_1<v_2$, $F_1>F_2$，即无杆腔进油时推力大、速度低；有杆进油时推力小、速度高。因此，单活塞杆液压缸常用于在一个方向上有较大负载但运行速度较低、在另一个方向上空载退回运动的设备，例如各金属切削机床压力机、注塑机。

由表 5-4 还可知，$v_3>v_1$, $F_3<F_1$，这说明差动连接时，能使运动部件获得较高的速度和较小的推力。因此，单活塞杆液压缸还常用于需要实现“快进（差动连接）-工进（无杆腔进油）-快退（有杆腔进油）”工作循环的组合机床等设备的液压系统中。这时，通常要求“快进”和“快退”的速度相等，则 $D=\sqrt{2}d$ 。

单活塞杆液压缸也有两种固定方式，不论是缸体固定，还是活塞杆固定，其运动范围均为液压缸的有效行程的两倍。

【例 5-2】　如图 5-19（c）所示，已知单杆液压缸的内径 D=50mm，活塞杆直径 d=35mm，泵的供油压力 p=2.5MPa，供油流量 q=10L/min。试求：

（1）液压缸差动连接时的运动速度和推力；

（2）若考虑管路损失，则实测无杆腔压力 p_1=p，而有杆腔压力 p_2=2.6MPa，求此时液压缸的推力。

解：（1）运动速度 $v=\frac{4q}{\pi d^2}=\frac{4\times\frac{10\times10^{-3}\,\text{m}^3}{60\text{s}}}{\pi\left(35\times10^{-3}\,\text{m}\right)^2}\approx0.173\text{m/s}$

推力 $F=\frac{\pi}{4}d^2p=\frac{\pi}{4}\times\left(0.035\text{m}\right)^2\times2.5\times10^6\,\text{Pa}=2\,404\text{N}$

（2）考虑损失时的推力

$$F_{实}=p_1A_1-p_2A_2=2.5\times10^6\,\text{Pa}\times\frac{\pi}{4}\times\left(0.05\text{m}\right)^2-2.6\times10^6\,\text{Pa}\times\frac{\pi}{4}\times\left(0.05^2-0.035^2\right)\text{m}^2$$

$$=2\,306\text{N}$$

2. 柱塞式液压缸

活塞式液压缸的内表面精度要求较高，若缸体较长，则加工起来比较困难。柱塞式液压缸的缸体内壁与柱塞不接触，缸体内壁不需精加工，甚至可以不加工，只需对柱塞及其支承部分进行加工，因此，柱塞式液压缸结构简单，制造容易，特别适用于行程较长的导轨磨床、龙门刨床等液压设备中。

柱塞式液压缸的工作原理图如图 5-20（a）所示。柱塞与工作部件连接，缸体固定在机体上。当压力油进入缸体时，推动柱塞带动部件向右运动。柱塞缸只能实现单向运动，回程需借助自重（立式缸）或其他外力来实现。若需实现双向运动，柱塞缸必须成对使用，如图 5-20（b）所示。

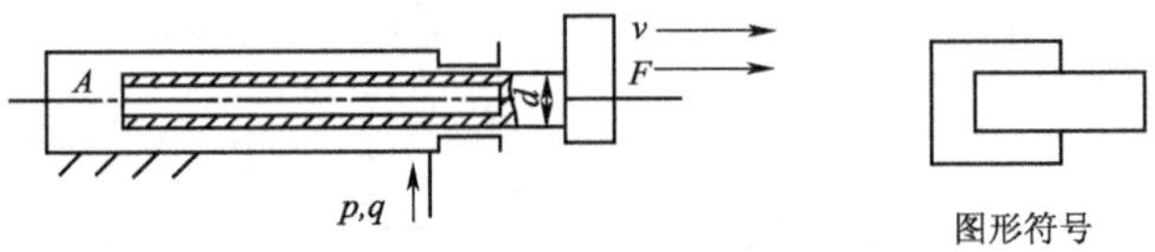

（a）工作原理图

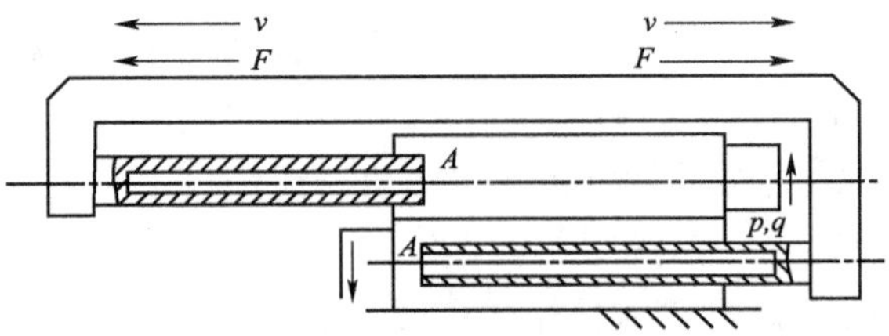

（b）柱塞缸成对使用

图 5-20　柱塞式液压缸的工作原理图

当柱塞直径为 d，面积为 A，输入液压缸的流量为 q、压力为 p 时，其柱塞上所产生的推力 F 和速度 v 为

$$F = pA = p \cdot \frac{\pi}{4} d^2$$

$$v = \frac{q}{A} = \frac{4q}{\pi d^2}$$

3. 摆动式液压缸

摆动式液压缸是输出转矩并实现往复摆动的液压缸，也称摆动液压马达，有单叶片和双叶片两种形式。单叶片式摆动缸如图 5-21（a）所示，摆动轴上装有叶片，叶片和封油隔板将缸体内空间分成两腔。当缸的一个油口通压力油时，叶片产生转矩带动摆动轴摆动，摆动角度可达到 300°。双叶片式摆动缸如图 5-21（b）所示，它的摆动角度较小，最大达到 150°。相同压力和流量条件下，它的输出转矩是单叶片的两倍，角速度是单叶片式的一半。摆动式液压缸的图形符号如图 5-21（c）所示。

摆动式液压缸结构简单紧凑，输出转矩大，但密封困难，常用于机床的送料装置、间歇进给机构、转位装置及机床回转夹具中。

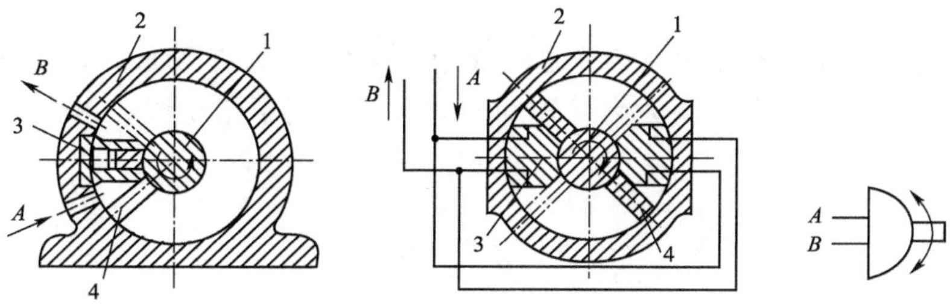

（a）单叶片式 （b）双叶片式 （c）图形符号

1—叶片轴；2—缸体；3—定子；4—回转叶片

图 5-21 摆动式液压缸

4．其他液压缸

（1）增压缸

增压缸又称增压器，能将输入的低压油转变为高压油供液压系统中的高压支路使用。增压缸有单作用和双作用两种形式。单作用增压缸实际上是由活塞缸和柱塞缸组合而成的，活塞缸为原动缸，柱塞缸为输出缸，如图 5-22（a）所示。若输入原动缸的油压力为 p_1，输出缸的出油压力为 p_2，则 $p_2=p_1\left(\dfrac{D}{d}\right)^2$。单作用增压缸只能在单方向行程中输出高压油，为克服这个缺点，可采用双作用增压缸，如图 5-22（b）所示。

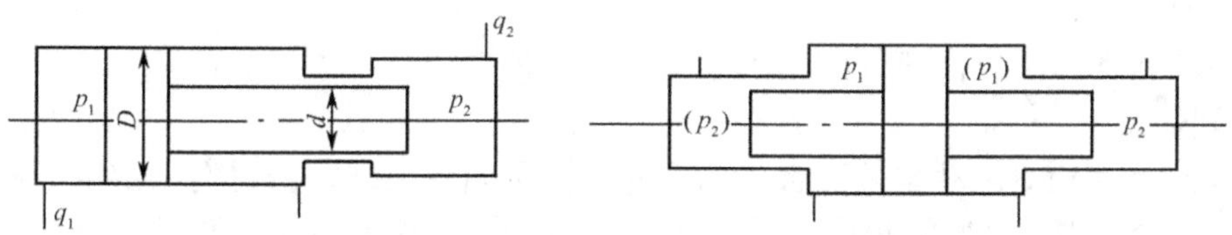

（a）单作用增压缸 （b）双作用增压缸

图 5-22 增压缸示意图

（2）伸缩式液压缸

伸缩式液压缸由两个或多个活塞式液压缸套装而成，前一级活塞缸的活塞是后一级活塞缸的缸筒。当各级活塞依次伸出时可获得很长的工作行程。伸缩式液压缸的工作原理图如图 5-23 所示。最大直径的活塞先伸出，当活塞外伸到终点后，稍小直径的活塞开始外伸，直至最小直径的活塞伸出，相应的推力由大到小变化，伸出速度由慢到快。活塞缩回时，缩回的顺序则由直径小的活塞到直径大的活塞，即先伸出的活塞后缩回，后伸出的活塞先缩回。活塞缩回后的液压缸具有很小的结构尺寸。靠外力回程的单作用式液压缸如图 5-23（a）所示；靠液压回程的双作用式液压缸如图 5-23（b）所示。伸缩式液压缸广泛用于起重运输车辆上。

（a）单作用式液压缸 （b）双作用式液压缸

图 5-23 伸缩式液压缸示意图

（3）齿条液压缸

齿条液压缸由带有齿条杆的双活塞缸 1 和齿轮齿条机构 2 组成，如图 5-24 所示。活塞的往复移动经齿轮齿条机构变为齿轮轴的转动。它多用于自动线、组合机床等转位或分度机构。

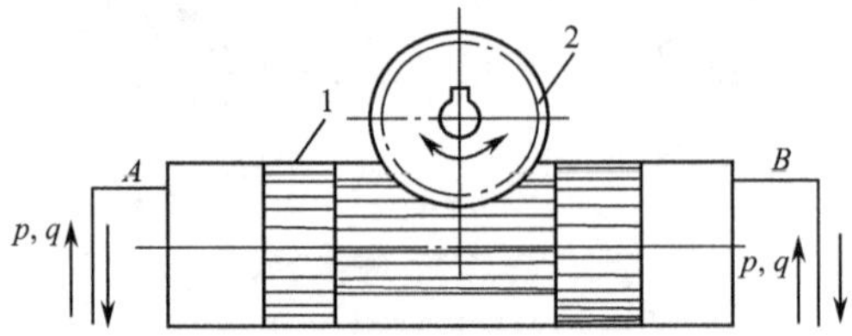

1—带齿条杆的双活塞缸；2—齿轮

图 5-24　齿条液压缸示意图

5.3.2　液压缸的密封、缓冲和排气

1. 液压缸的密封

液压传动是依靠密封容积的变化来传递运动的，密封性能的好坏直接影响液压系统的性能和效率，所以液压元件都要求有良好的密封性能。液压缸在工作时，缸内压力比缸外压力大，进油腔压力比回油腔的压力大，因此内、外泄漏造成系统的损失，液压缸要求合理地设置密封装置。

液压缸常用的密封方法有间隙密封和密封元件密封。

（1）间隙密封

间隙密封是靠相对运动零件配合表面之间的微小间隙来进行密封的，常用于柱塞、活塞或阀的圆柱配合副中。活塞的圆柱表面开有几个宽度为 0.2～0.5 mm、深度为 0.1～0.3 mm 的环形沟槽，如图 5-25 所示，其作用是增加油液流经间隙时的阻力，有助于增加密封效果；同时也有利于活塞上的各向油压趋于平衡，自动对中，减少活塞移动时与液压缸壁之间的摩擦，并可减小泄漏现象的发生。一般情况下，间隙为 0.02～0.05 mm。间隙密封属于非接触式密封，结构简单、摩擦阻力小、寿命长，但密封效果差，因此，只适用低压、小直径、快速运动的场合。

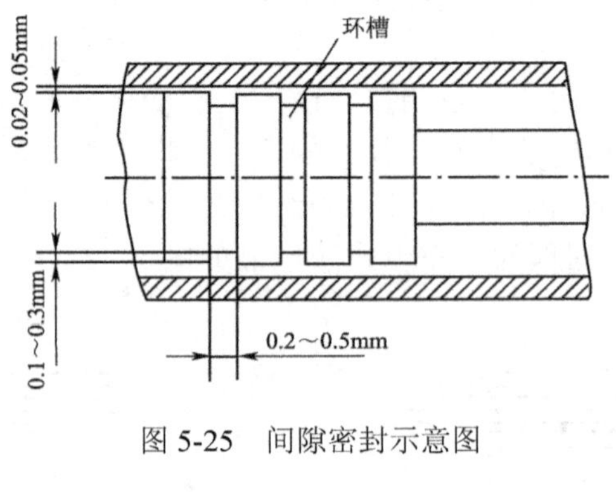

图 5-25　间隙密封示意图

（2）密封圈密封

密封圈密封是液压系统中应用最广泛的一种密封方法。密封圈用耐油橡胶、尼龙等材

料制成，其截面通常做成 O 形、Y 形、V 形等。

O 形密封圈的截面为圆形，如图 5-26 所示。O 形密封圈一般用耐油橡胶制成，其结构简单，制造容易，密封可靠，摩擦力小，因此应用广泛，但密封处的精度要求高。

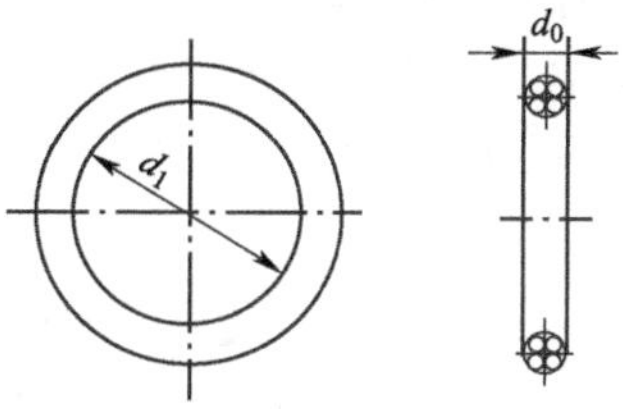

图 5-26　O 形密封圈示意图

Y 形密封圈的截面形状为 Y 形，用耐油橡胶制成，如图 5-27 所示。工作时，利用油的压力使两唇边紧压在配合件的两个结合面上实现密封。其密封性能随压力的升高而提高，并且在磨损后有一定的自动补偿能力，常用于液压缸与活塞及活塞杆之间的密封。装配时，其唇边应对着有压力的油腔。当压力变化较大、运动速度较高时，要采用支承环来固定 Y 形密封圈。

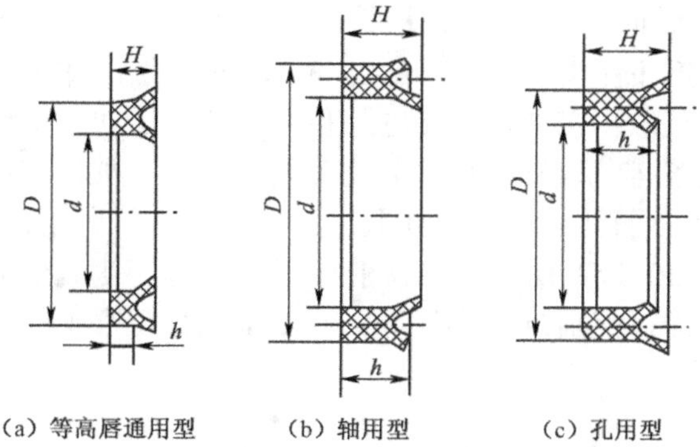

图 5-27　Y 形密封圈示意图

V 形密封圈的截面形状为 V 形，其结构形式如图 5-28 所示。它由支承环 1、密封环 2 和压环 3 组合而成。当压环压紧密封环时，支承环使密封环变形而起到密封作用。安装时，V 形环的唇边应面向压力高的一侧。V 形密封圈密封可靠，寿命长，但密封装置的摩擦力和结构尺寸大，检修、拆换不方便。它主要用于大直径、高压、高速柱塞或活塞和低速运动的活塞杆的密封。

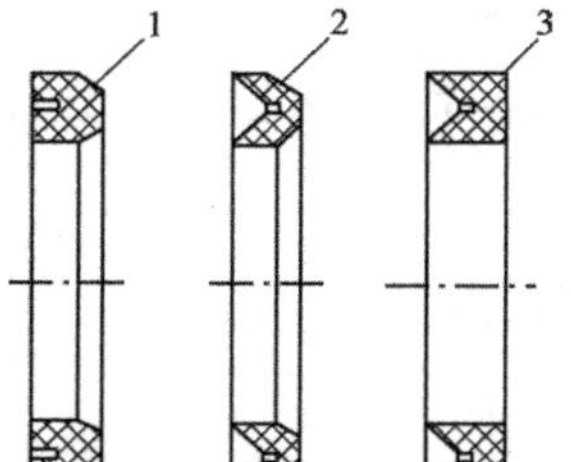

1—支承环；2—密封环；3—压环

图 5-28　V 形密封圈示意图

2．液压缸的缓冲

为避免活塞在行程两端与缸盖发生机械碰撞，产生冲击和噪声而影响设备工作精度，导致损坏零件，为此常在大型、高速或高精度液压设备中设置缓冲装置。缓冲的原理是当活塞要到达行程终端时，在活塞和缸盖之间封住一部分油液，油液只能从小孔或缝隙中挤出，以产生很大的回油阻力使工作部件受到制动而逐渐减慢速度，从而实现缓冲，常见的缓冲装置如图 5-29 所示。

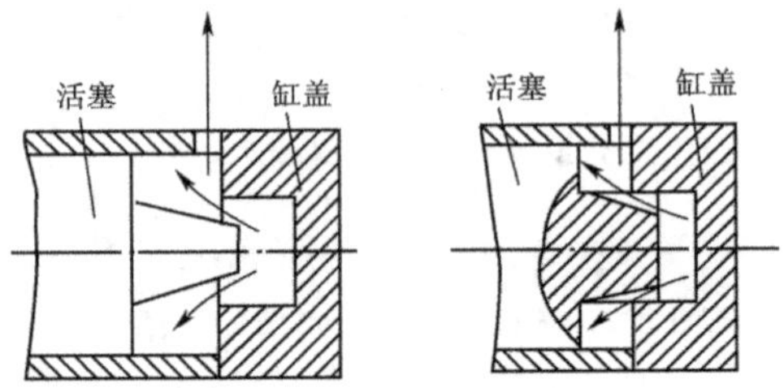

图 5-29　常见液压缸的缓冲装置

3．液压缸的排气

由于安装、停车或其他原因，常会使液压系统的油液中混入空气。液压系统中混入空气后使其工作不稳定，产生振动、噪声、爬行和启动时突然前冲等现象。为了便于排除液压缸内的空气，油液最好从液压缸的最高点进入和引出。对运动平稳性要求较高的液压缸，常在液压缸的最高部位设置排气装置。排气装置有两种形式，如图 5-30 所示。一种是在液压缸的最高部位开排气孔如图 5-30（a）所示；另一种是在缸盖的最高部位处直接安装排气塞、排气阀等，如图 5-30（b）所示，工作前拧开排气塞，使活塞全行程空载往复数次，将缸中空气通过排气塞排净，然后拧紧排气塞，液压缸进行正常工作。

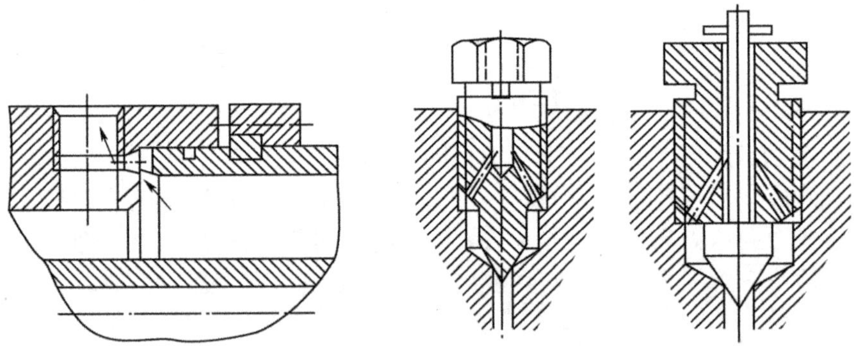

(a)　　　　(b)

图 5-30　液压缸的排气装置

5.3.3　液压马达

1．液压马达的类型和特点

液压马达是将液体的压力能转换为连续回转的机械能的液压执行元件。从原理上讲，泵和马达具有可逆性，其结构与液压泵基本相同。但由于它们的功用和工作状况不同，故在结构上存在着一定的差别。液压马达按结构可分为齿轮式、叶片式和轴向柱塞式三大类。下面介绍叶片式和轴向柱塞式的液压马达。

（1）叶片式液压马达

叶片式液压马达的工作原理图如图 5-31 所示。图示状态下输入压力油后，位于压油腔中的叶片 2 和 6，因两侧面作用有压力油而不会产生转矩，在叶片 1 和 3 及 5 和 7 的一个侧面作用有压力油，而另一侧为回油，由于叶片 1 和 5 伸出部分面积大于叶片 3 和 7，因而能产生转矩使转子顺时针方向旋转。为保证启动时叶片贴紧定子内表面，叶片除靠压力油作用外，还要靠设置在叶片根部的预紧弹簧的作用。因为马达要求正反转，故叶片在转子中是径向放置的。

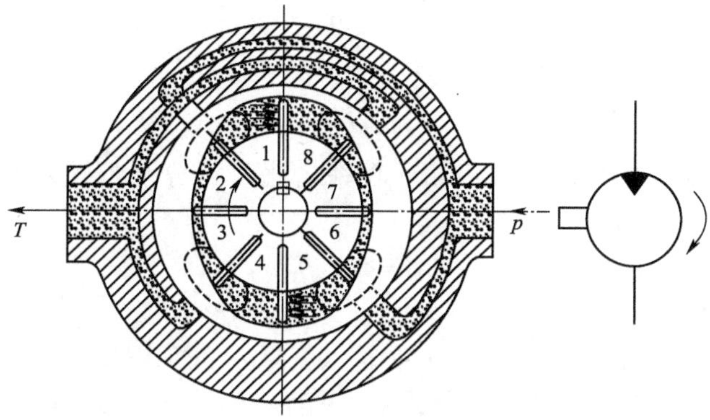

图 5-31　叶片式液压马达的工作原理图

叶片式液压马达体积小，动作灵敏，但泄漏大，低速运转时不稳定。因此，叶片式液压马达适用于转速高、转矩小和要求换向频率较高的场合。

（2）轴向柱塞式液压马达

轴向柱塞式液压马达的工作原理图如图 5-32 所示。斜盘 1 和配流盘 4 固定不动，缸体 3 及其上的柱塞 2 可绕缸体的水平轴线旋转。当压力油经配流盘通过缸孔、进入柱塞底部时，柱塞被顶出压在斜盘上。斜盘对柱塞产生一个反作用力 F，力 F 的轴向分力 F_x 与柱塞后端的液压力相平衡，其值 $F_x=\dfrac{p\pi d^2}{4}$，而径向分力 $F_y=F_x\tan\gamma$，它对缸体轴线产生一个力矩 T，带动缸体旋转。力矩 $T=F_y\cdot h=F_yR\sin\alpha$ 当液压马达的进油口、回油口互换时，液压马达将反向转动。若改变斜盘倾角的大小，就改变了液压马达的排量；若改变斜盘倾角的方向，就改变了液压马达的旋转方向。

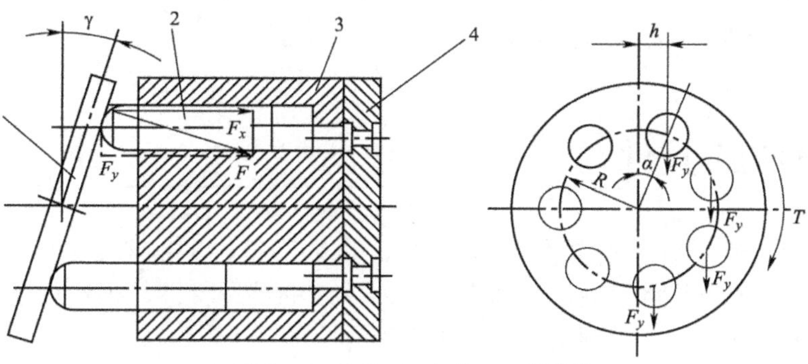

1—斜盘；2—柱塞；3—缸体；4—配流盘

图 5-32　轴向柱塞式液压马达工作原理图

轴向柱塞式液压马达效率高，多用于大功率、转矩范围大的场合。它也能获得较低的转速，目前已被广泛用于机床及各种自动控制液压系统中，但其价格比较昂贵。

2. 液压马达的主要性能参数

液压马达的主要性能从功能来看，主要是转速 n、转矩 T 和总效率 η。

（1）转速 n

若液压马达的排量为 V，液压马达入口处的流量为 q_V（又称实际流量），容积效率为 η_V，则

$$n=\frac{q}{V}\cdot\eta_V$$

（2）总效率 η

液压马达的总效率 η 为输出功率和输入功率之比。它等于机械效率 η_m 和容积效率 η_V 的乘积，即

$$\eta=\eta_m\cdot\eta_V$$

（3）转矩 T

液压马达的输入为液压能（入口压力 p 和输入流量 q_V 的乘积），输出为机械能（转矩 T 和角速度 ω 的乘积），由于存在机械效率和容积效率，因而在液压马达转一转时，有 $pq_V\eta=T\cdot2\pi$，

$$p\frac{V}{\eta_V}\cdot\eta_m\eta_V=T\cdot2\pi$$

即

$$T=\frac{pV}{2\pi}\cdot\eta_m$$

【例 5-3】 液压马达的排量 V=100mL/r，入口压力 p_1=10MPa，出口压力 p_2=0.5MPa，容积效率 η_v=0.95，机械效率 η_m=0.85，若输入流量 q=50L/min，求马达的转速 n、输入功率 P_i 和输出功率 P_o 各为多少？

解：

转速 $n=\frac{q_v}{V}\eta=\frac{\frac{50\times10^{-3}\,\text{m}^3}{60\text{s}}}{100\times10^{-6}}\times0.95=7.92\text{r/s}$

输入功率 $P_i=\Delta p\cdot q=(10-0.5)\times10^6\,\text{Pa}\times50\times10^{-3}\,\text{m}^3/60\text{s}=7.92\times10^3\,\text{W}$

输出功率 $P_o=\eta_m\eta_v P_i=0.85\times0.95\times7.92\times10^3\,\text{W}=6\,395.4\text{W}$

5.4 液压辅助元件

液压系统中的辅助元件有管件、滤油器、测量仪表、蓄能器、油箱、热交换器等多种。它们在液压系统中数量很大，分布面广，对系统的动态特性、工作稳定性、寿命、噪声和温升等有直接影响，因此必须给予足够的重视。

5.4.1 油箱

油箱的主要用途是贮油、散热、分离油中的空气和沉淀油中的杂质。

在液压系统中，油箱有总体式和分离式两种。总体式油箱是利用机器设备机身内腔作为油箱（例如压铸机、注塑机等），其结构紧凑，回收漏油比较方便，但维修不便，散热条件不好。分离式油箱设置了一个单独油箱，与主机分开，减少了油箱发热及液压源振动对工作精度的影响，因此得到了普遍的应用。分离式油箱的结构简图如图 5-33 所示。图 5-33 中，1 为吸油管，4 为回油管，中间有两个隔板 7 和 9，下隔板 7 阻挡沉淀物进入吸油管，上隔板 9 阻挡泡沫进入吸油管，脏物可从放油阀 8 放出。空气过滤器 3 设在回油管一侧的上部，兼有加油和通气的作用。6 是油位指示器。当需要彻底清洗时，可将上盖 5 卸开。

油箱的有效容积（油面高度为油箱高度 80%时的容积）一般按液压泵的额定流量估算，在低压系统中取液压泵每分钟排油量的 2～4 倍，中压系统为 5～7 倍，高压系统为 6～12 倍。

油箱正常工作温度应在 15℃～65℃之间，在环境温度变化较大的场合要安装冷却器或加热器。

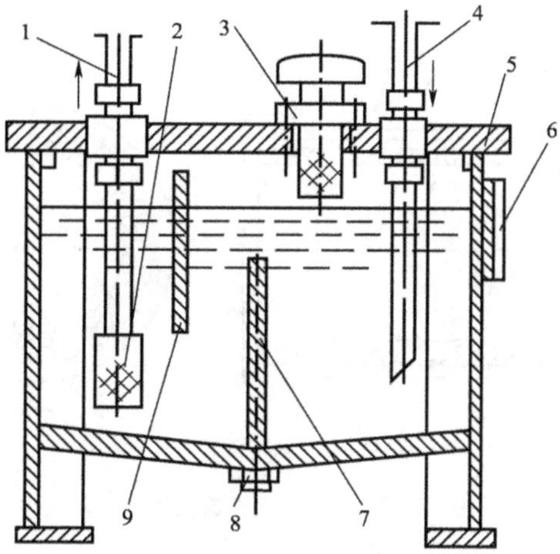

1—吸油管；2—滤油网；3—空气过滤器； 4—回油管；5—盖；6—油位指示器；7，9—隔板；8—放油阀

图 5-33 分离式油箱的结构简图

5.4.2 过滤器

过滤器的作用是清除油液中的各种杂质，以免划伤或磨损，甚至卡死相对运动的零件，或者堵塞零件上的小孔及缝隙，影响系统的正常工作、降低液压元件的寿命，甚至造成液压系统的故障。不同的液压系统对油液的过滤精度要求不同，过滤器的过滤精度指过滤器对各种不同尺寸粒子的滤除能力，常用绝对过滤精度和过滤比这两个指标来衡量过滤精度。目前，过滤比已被国际标准化组织（ISO）作为评定过滤器过滤精度的性能指标。但我国目前仍按绝对过滤精度将过滤器分为粗、普通、精、特精四种。

根据系统使用的要求，常用的过滤器可分为以下几种类型。

1. 网式过滤器

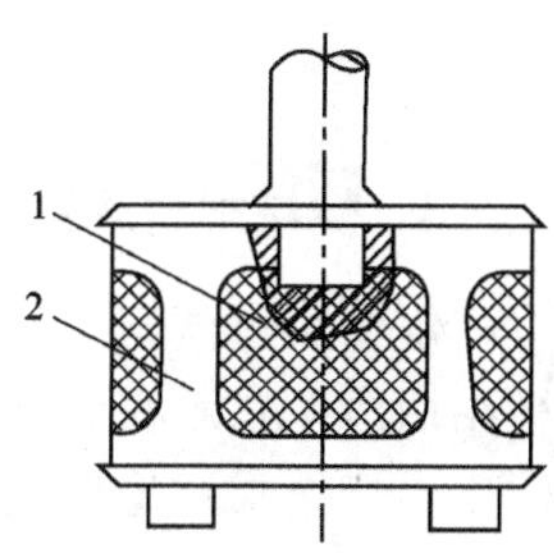

1—滤网；2—筒形骨架

图 5-34 网式过滤器的结构

网式过滤器的结构如图 5-34 所示。网式过滤纸芯式滤油器由筒形骨架 2 上包一层或两层铜丝滤网 1 组成。其特点是结构简单，通油能力大，清洗方便，但过滤精度较低。常用于泵的吸油

管路对油液粗过滤。

2．线隙式过滤器

线隙式过滤器的结构如图 5-35 所示。它的滤芯由铜线或铝线 1 绕在筒形骨架 2 上而形成（骨架上有许多纵向槽 a 和径向孔 b），是依靠金属线 1 间 0.02～0.1mm 的缝隙过滤。其特点是结构简单，通油能力大，过滤精度比网式滤油器高，但不易清洗，滤芯强度较低。

3．纸芯式过滤器

纸芯式过滤器的结构如图 5-36 所示。纸芯式过滤器的滤芯由微孔滤纸 1 组成，滤纸制成折叠式，以增大过滤面积。滤纸由骨架 2 支撑，以增大滤芯强度。其特点是过滤精度高，压力损失小，质量轻，成本低，但不能清洗，需定期更换滤芯。纸芯式过滤器一般用于精过滤。

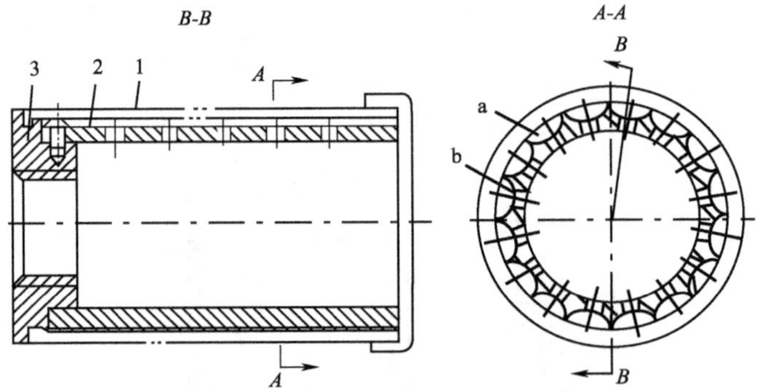

1—金属线；2—筒形骨架；3—端盖

图 5-35　线隙式过滤器的结构

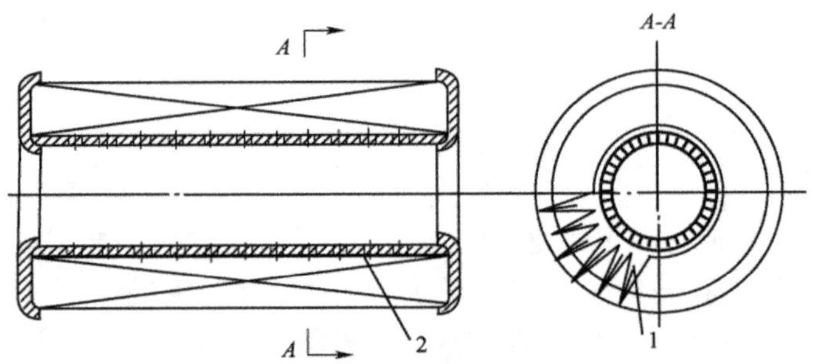

1—滤纸；2—骨架

图 5-36　纸芯式过滤器的结构

4．烧结式过滤器

烧结式过滤器的结构如图 5-37 所示。烧结式过滤器的滤芯 3 通常由青铜等颗粒状金属烧结而成，它装在壳体 2 中，并由上盖 1 固定。油液从 A 孔进入，经滤芯 3 过滤从油口 B 流出。烧结式过滤器利用颗粒间的微孔进行过滤，过滤精度高，抗腐蚀性能好，能在较高油温下工作。缺点是易堵塞，难清洗，烧结的颗粒易脱落。

液压系统中除吸油管口装有粗过滤器外，在压油或回油等管道上也装有普通过滤器。另外，在重要元件如调速阀等前还装有精过滤器。安装时，应使油液从滤芯的外部流入，从内部流出，使杂质积存在滤芯的外表面，以便于清洗。

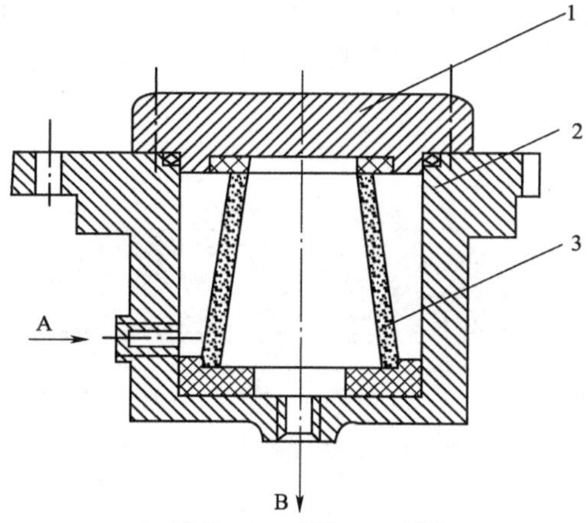

1—端盖；2— 壳体；3—滤芯

图 5-37　烧结式过滤器的结构

5.4.3　油管和管接头

1．油管

液压系统中常用的油管有钢管、纯铜管、橡胶软管、尼龙管、塑料管等多种类型。考虑配管和工艺的方便，在高压系统中常用无缝钢管，而在中、低压系统中一般用纯铜管。橡胶软管的主要优点是可用于两个相对运动件之间的连接，尼龙管和塑料管价格便宜，但承压能力差，可用于回油路及泄油路等处。

2．管接头

管接头是油管与油管、油管与液压元件之间的连接件。管接头的种类很多，常用的几种类型如图 5-38 所示。扩口式管接头如图 5-38（a）所示，适用于中、低压的铜管和薄壁钢管的连接。焊接式管接头如图 5-38（b）所示，适用于中、低压系统的管壁较厚的钢管的连接。卡套式管接头如图 5-38（c）所示，优点是拆装方便，在高压系统中已被广泛使用，缺点是对油管的尺寸精度要求较高。扣压式管接头如图 5-38（d）所示，用来连接高压软管。

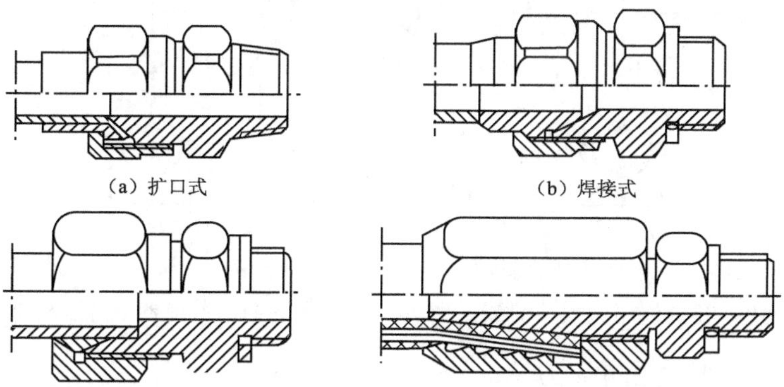

（a）扩口式　（b）焊接式　（c）卡套式　（d）扣压式

图 5-38　管接头结构示意图

需要经常装拆的软管，在连接时常使用快换管接头，如图 5-39 所示。图示为油路接通时的工作位置。当要断开油路时，可用力把外套 4 向左推，在拉出接头体 5 后，钢球 3 即从接头体中退出。与此同时，单向阀的锥形阀心 2 和 6 分别在弹簧 1 和 7 的作用下将两个阀口关闭，油路即断开。

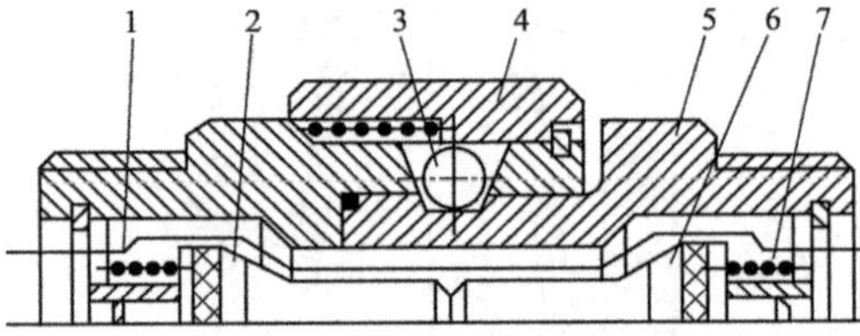

1，7—弹簧；2，6—阀芯；3—钢球；4—外套；5—接头体

图 5-39 快换管接头结构示意图

5.4.4 蓄能器

1. 蓄能器的功用

蓄能器是用来贮存和释放液体压力能的装置，它在液压系统中的功能有以下几个方面。

（1）短期大量供油

当执行件需快速启动时，由蓄能器和液压泵同时向液压缸供给压力油，如图 5-40 所示。

（2）维持系统压力

当执行件停止运动的时间较长并需要保压时，为降低能耗、使泵卸荷，可利用蓄能器贮存的液压油补偿油路的泄漏损失，维持系统压力，如图 5-41 所示，蓄能器还能用做应急油源，在一段时间内维持系统压力，以避免电源突然中断或液压泵发生故障时油源中断而引起的事故。

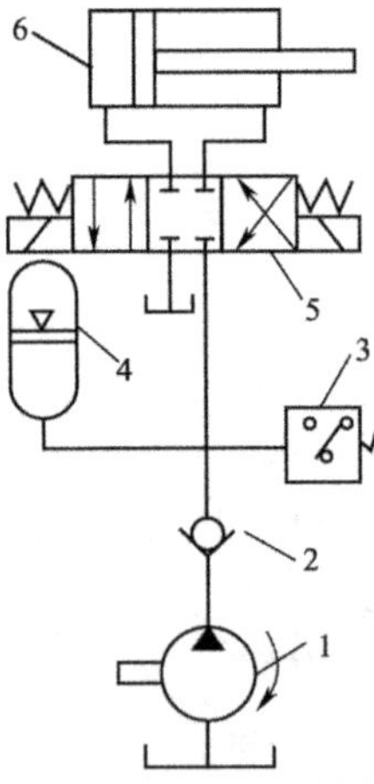

1—泵；2—单向阀；3—压力继电器；
4—蓄能器；5—换向阀；6—液压缸

图 5-40 蓄能器用做辅助油源

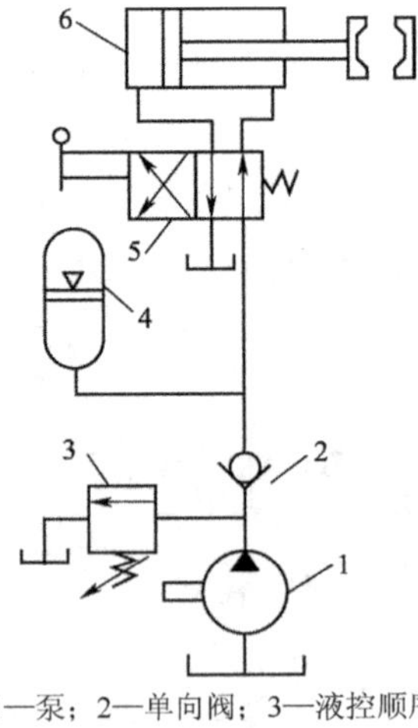

1—泵；2—单向阀；3—液控顺序阀；
4—蓄能器；5—换向阀；6—液压缸

图 5-41 蓄能器维持系统压力

（3）缓和冲击，吸收脉冲压力

当液压泵启动或停止、液压阀突然关闭或换向、液压缸启动或制动时，系统中会产生液压冲击，在冲击源和脉冲源附近设置蓄能器，可缓和冲击和吸收脉冲，如图 5-42 所示。

2. 蓄能器的结构

气压式蓄能器的结构示意图如图 5-43 所示。它由充气阀 1、保护帽 2、气囊 4、壳体 3、提升阀 5 等组成。气囊 4 用耐油橡胶制成，固定在壳体 3 的上部，囊内从充气阀 1 充入惰性气体（一般为氮气）。保护帽 2 用来保护充气阀。提升阀 5 是一个用弹簧加载的具有蘑菇头形状的阀，压力油由该阀通入。在压力油全部排出时，该阀能防止气囊膨胀挤出油口。

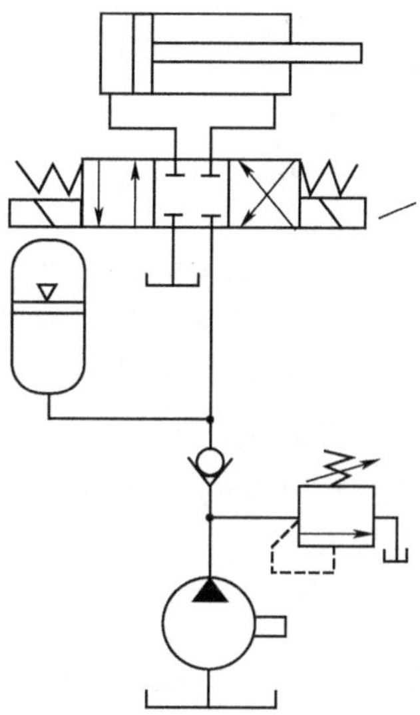

图 5-42　蓄能器吸收脉冲压力

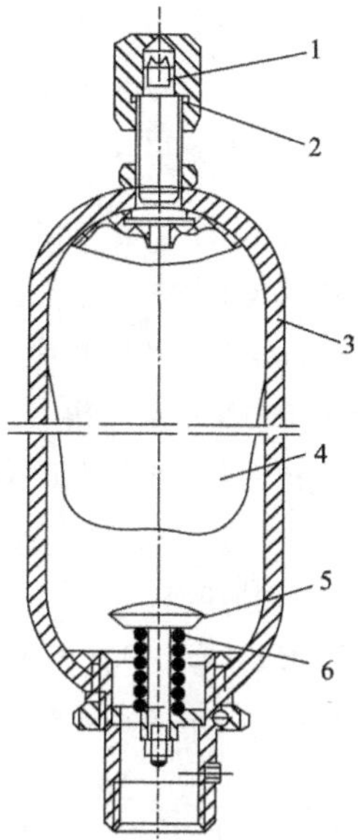

1—充气阀；2—保护帽；3—壳体；
4—气囊；5—提升阀；6—弹簧

图 5-43　气压式蓄能器的结构示意图

这种蓄能器气囊惯性小、反应灵敏、容易维护，所以应用最广。其缺点是容量小，气囊和壳体的制造比较困难。

此外，蓄能器还有活塞式、重力式、弹簧式及隔膜式等，可参考液压设计手册选用。

5.5 操作训练

5.5.1 拆装齿轮泵

拆装一台齿轮泵，观察其结构并思考以下问题。

① 齿轮泵由哪些零件组成？

② 进入齿轮轴孔间的压力油是怎样回吸油腔的？

③ 进、出油口孔径是否相等？为什么？

④ 齿轮泵困油卸荷槽在哪个位置？相对高低压腔是否对称布置？

⑤ 齿轮泵内压力油是如何泄漏的？怎样提高其容积效率？

⑥ 齿轮泵的理论流量取决于什么？它与铭牌上的流量有什么关系？

5.5.2 液压缸的拆装

拆装液压缸并观察以下问题

① 液压缸的组成。

② 活塞与缸体、端盖与缸体、活塞杆与端盖间的密封形式。

③ 缸体内孔、活塞、活塞杆的加工精度。

④ 液压缸中各类零件的材料及缸体的结构特点。

习题 5

（1）液压泵要实现吸油和压油必须具备什么条件？

（2）什么是齿轮泵的困油现象？困油现象有什么危害？如何消除？

（3）单作用叶片泵和双作用叶片泵的结构和工作有何区别？

（4）某液压系统中液压泵的输出工作压力 p_p=20MPa，实际输出流量 q_{Vp}=60L/min，容积效率 η =0.9，机械效率 η_{mp}=0.9。试求驱动液压泵的电动机功率。

（5）在如图 5-44 所示的单活塞杆液压缸中，已知活塞的直径 D=125mm，活塞杆的直径 d=70mm，活塞向右运动的速度 v = 0.1m/s，求进入液压缸的流量 q_1 和排出液压缸的流量 q_2 为多少？

（6）在如图 5-45 所示的串联液压缸，A_1 和 A_2 均为有效工作面积，F_1 和 F_2 为两个活塞杆的负载。在不计压力损失的情况下，求 p_1, p_2, v_1, v_2。

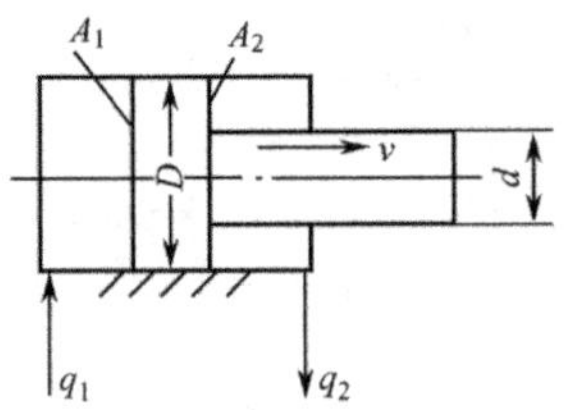

图 5-44 单活塞杆液压缸

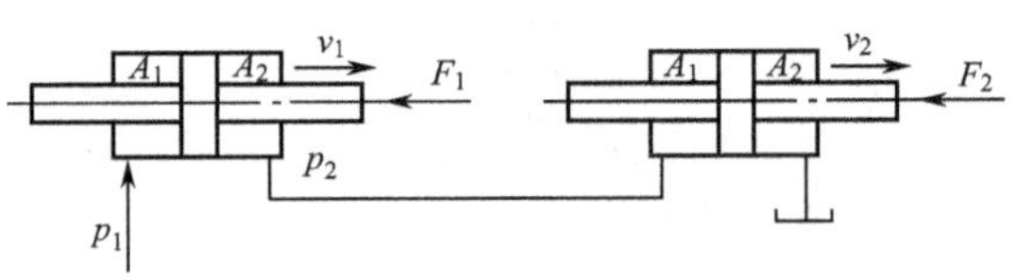

图 5-45 串联液压缸

（7）简述Y形密封圈的特点和使用注意事项。

（8）过滤器有哪几种类型？分别有什么特点？

（9）油管和管接头有哪些类型？各适用于什么场合？

第6章

液压基本回路和控制阀

与气压传动系统一样，液压传动系统也是由各种功能的基本回路组成，它们是方向控制回路、压力控制回路、速度控制回路、顺序动作回路。因此，熟练掌握几种常用的基本回路是分析液压传动系统的基础。

本章重点：

（1）方向控制回路的工作原理、作用和相关的控制阀的功能；

（2）压力控制回路的工作原理、作用和相关的控制阀的功能；

（3）速度控制回路的工作原理、作用和相关的控制阀的功能；

（4）顺序动作回路的工作原理、作用。

6.1 液压回路概述

液压回路是由一些液压元件组成的，用来完成特定功能的控制油路。为了了解液压回路的功能和相关控制元件的作用，首先做个液压实验。液压实验回路图如图6-1所示。

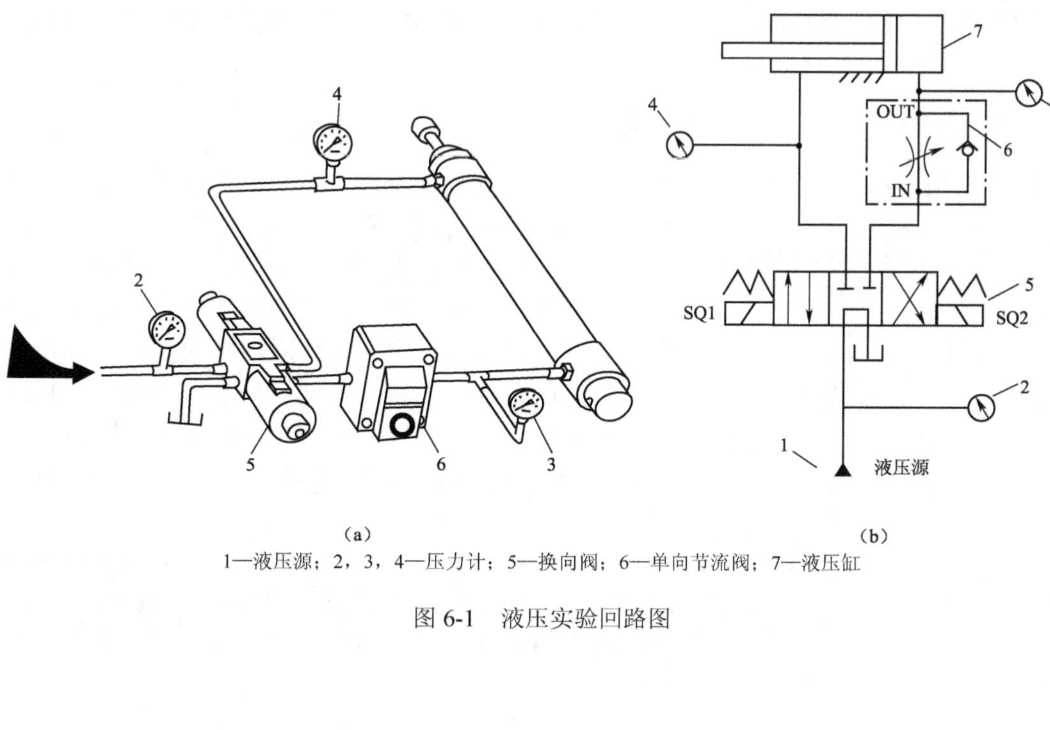

1—液压源；2，3，4—压力计；5—换向阀；6—单向节流阀；7—液压缸

图6-1　液压实验回路图

6.1.1 实验操作步骤

① 参考如图 6-1（a）所示的结构组合图完成回路的装配。

② 启动泵，按下电磁阀 SQ1 按钮，观察液压缸活塞杆的运动情况和压力计 2 和 4 的变化。

③ 按下电磁阀 SQ2 按钮，观察活塞杆的运动情况和压力计 2 和 3 的变化。

④ 调节单向节流阀 6，观察活塞杆的运动速度变化情况和压力计 2 和 3 的变化。

⑤ 在活塞杆上加一个负载，观察活塞杆的运动速度和压力计 2 和 3 的变化。

⑥ 电磁阀 SQ1 和 SQ2 均松开，观察活塞杆的运动情况和压力计 2 和 3 的变化。

⑦ 停止泵的运转，关闭电源。

6.1.2 实验结果分析

由实验可知，该回路能实现活塞杆两个方向的运动，且能调节活塞杆的推出速度，以及液压缸的锁紧程度。按下元件 5 按钮 SQ1 时，活塞杆缩回；按下元件 5 按钮 SQ2 时，活塞杆推出；当两个按钮均松开时，活塞杆静止不动，元件 5 控制了液压缸活塞杆的运动方向和锁紧程度。单向节流阀 6 控制活塞杆的推出速度，在活塞杆负载增大时，压力计 3 的读数增加，而压力计 2 的读数不发生变化。在 SQ1 和 SQ2 均松开时，除气缸活塞杆静止外，压力计 2 的读数变小，液压泵输出的油液以较小的压力流回油箱。

在该液压回路中，包含了控制活塞杆运动方向的方向控制回路，其核心元件为元件 5；包括了控制活塞杆运动速度的速度控制回路，其核心元件为单向节流阀 6；还包括了由元件 5 的中位控制的锁紧回路和卸荷回路。下面首先讲述方向控制回路及其相关的核心元件的结构和功能。

6.2 方向控制回路和方向控制阀

方向控制回路是控制执行元件的启动、停止及换向的回路。这类回路包括换向回路和锁紧回路。

1．换向回路

采用二位四通、三位四通电磁换向阀是最普遍应用的换向方法。尤其在自动化程度要求较高的组合机车液压系统中应用更为广泛。三位四通电磁换向阀动作的换向回路如图 6-2 所示。该回路由液压泵、三位四通电磁换向阀、溢流阀和液压缸组成。液压泵启动后，换向阀在中位工作时，换向阀四个油口互不相通，液压缸两腔不通压力油，处于停止状态；换向阀在左位工作时，换向阀将液压泵与液压缸左腔接通，液压缸右腔与油箱接通，使活塞左移；反之，使活塞右移。

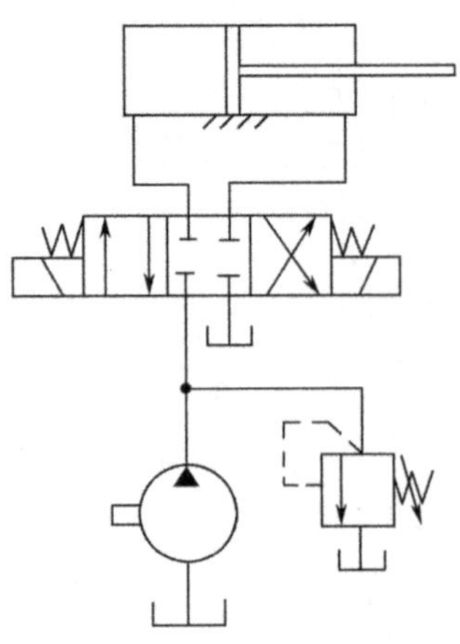

图 6-2 电磁换向阀动作的换向回路

这种换向回路的优点是换向方便，缺点是换向时有冲击且换向精度低，不宜用于频繁换向。所以，采用电磁换向阀的换向回路适用于低速、轻载和换向精度要求不高的场合。

采用电-液换向阀的换向回路如图 6-3 所示。当 1YA 通电时，三位四通电磁换向阀左位工作，控制油路的压力油推动液动阀阀芯右移，液动阀处于左位工作状态，泵输出的油液经液动阀输入到液压缸左腔，推动活塞右移。当 1YA 断电，2YA 通电时，三位四通电磁换向阀换向，右位工作，控制油路的压力油推动液动阀阀芯左移，液动阀处于右位工作状态，泵输出的油液经液动阀输入到液压缸右腔，推动活塞左移。这种换向回路由于节流阀可调节液动阀阀心的移动速度而具有换向平稳、无冲击的特点，但换向精度不高，适用于高压、大流量，且要求换向平稳的液压系统。

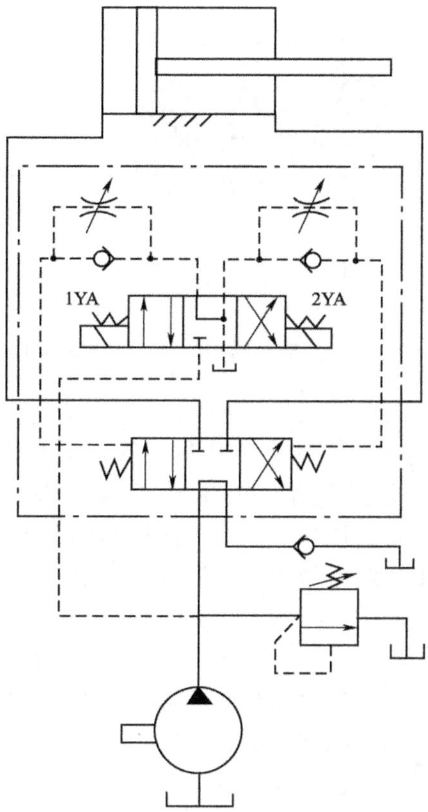

图 6-3　电-液换向阀的换向回路

对于换向频繁、换向平稳、换向精度和换向可靠性要求较高的场合，常采用机-液换向阀换向回路。

2．方向控制阀

与气压传动系统一样，液压换向回路的核心元件是方向控制阀。方向控制阀主要用来通、断油路或改变油液的流动方向，从而控制液压执行元件的启动、停止或改变其运动方向。方向控制阀分为单向阀和换向阀两类。

（1）单向阀

主要作用是控制油液的单向流动，反向截止。单向阀又有普通单向阀和液控单向阀之分，普通单向阀的结构与气动控制阀相似。液控单向阀的结构如图 6-4（a）所示。当油控制口 K 处无压力油通入时，它的工作和普通单向阀一样，压力油只能从进油口 P_1 流向出油

口 P_2，不能反向流动。

当控制油口 K 处有压力油通入时，控制活塞 1 右侧的 a 腔通泄油口（图 6-4 中未画出），在液压力作用下活塞向右移动，推动顶杆 2 顶开阀芯，使油腔 P_1 和 P_2 接通，油液就可以从 P_2 口流向 P_1 口。在图 6-4 所示形式的液控单向阀结构中，K 处通入的控制压力最小约为主油路压力 30%～50%（而在高压系统中使用的，带卸荷阀芯的液控单向阀其最小控制压力约为主油路的 50%），液控单向阀的图形符号如图 6-4（b）所示。

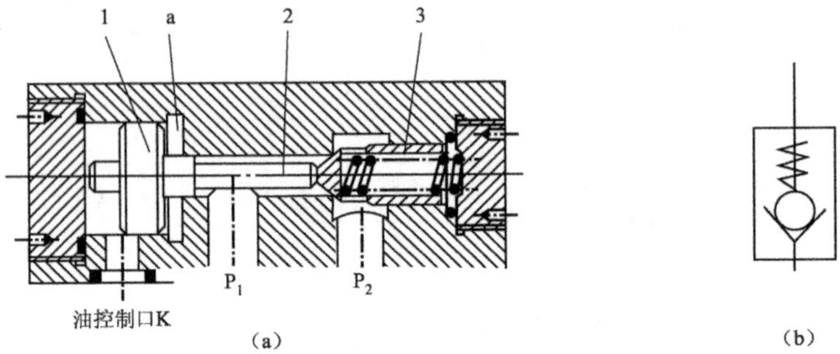

1—活塞；2—顶杆；3—阀芯

图 6-4　液控单向阀的结构和图形符号

（2）换向阀

换向阀的种类很多，其分类方式也各有不同。按阀芯相对于阀体的运动方式来分有滑阀和转阀两种；按操作方式来分有手动、机动、电磁动、液动和电-液动等多种；按阀芯工作时在阀体中所处的位置来分有二位和三位等；按换向阀所控制的通路数不同来分有二通、三通、四通和五通等。在液压传动系统中广泛采用的是滑阀式换向阀，这里主要介绍这种换向阀的几种典型结构。

① 机动换向阀。机动换向阀又称行程阀，它主要用来控制机械运动部件的行程，它是借助于安装在工作台上的挡铁或凸轮来迫使阀芯移动，从而控制油液的流动方向，机动换向阀通常是二位的，有二通、三通、四通和五通几种。其中，二位二通机动阀又分常闭和常开两种。

滚轮式二位二通常闭式机动换向阀（又称行程阀）如图 6-5（a）所示。在图示位置阀芯 2 被弹簧压向左端，油腔 P 和 A 不通，当挡铁或凸轮压住滚轮 1 使阀芯 2 移动到右端时，就使油腔 P 和 A 接通，其图形符号如图 6-5（b）所示。

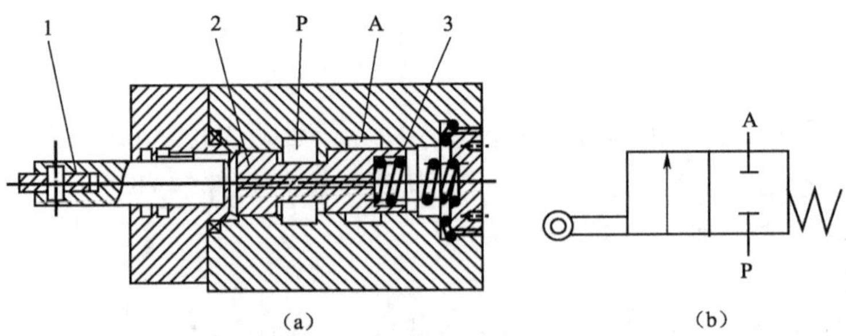

1—滚轮；2—阀芯；3—弹簧

图 6-5　机动换向阀

② 液动换向阀。液动换向阀是利用控制油路的压力油来改变阀芯位置的换向阀。三位四通液动换向阀的结构和图形符号如图 6-6 所示。阀芯是由其两端密封腔中油液的压差来移动的，当控制油路的压力油从阀右边的控制油口 K_2 进入滑阀右腔时，K_1 接通回油，阀芯向左移动，使压力油口 P 与 B 相通，A 与 T 相通；当 K_1 接通压力油，K_2 接通回油时，阀芯向右移动，使得 P 与 A 相通，B 与 T 相通；当 K_1 和 K_2 都通回油时，阀芯在两端弹簧和定位套作用下回到中间位置。

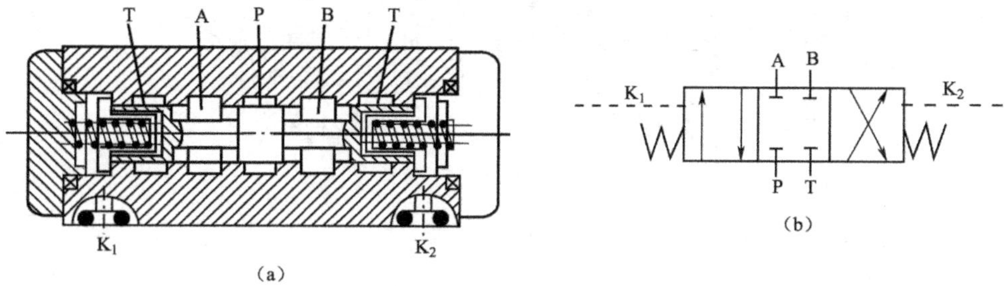

图 6-6　三位四通液动换向阀

③ 电-液换向阀。在大中型液压设备中，当通过阀的流量较大时，作用在滑阀上的摩擦力和液动力较大。此时电磁换向阀的电磁铁推力相对比较小，需要用电-液换向阀代替电磁换向阀。电-液换向阀是由电磁滑阀和液动滑阀组合而成的。电磁滑阀起先导作用，它可以改变控制液流的方向，从而改变液动滑阀阀芯的位置。由于操纵液动滑阀的液压推力可以很大，所以主阀芯的尺寸可以做得很大，允许有较大的油液流量通过。这样用较小的电磁铁就能控制较大的液流。

弹簧对中型三位四通电-液换向阀的结构和图形符号如图 6-7 所示。当先导电磁阀左边的电磁铁通电后，其阀芯向右边位置移动，来自主阀 P 口或外接油口的控制压力油可经先导电磁阀的 a 口和左单向阀进入主阀左端油腔，并推动主阀阀芯向右移动，这时主阀芯右端油腔中的控制油液可通过右边的节流阀经先导电磁阀的 b 口和 T′口，再从主阀的 T 口或外接油口流回油箱（主阀芯的移动速度可由右边的节流阀调节）。使主阀 P 与 A、B 和 T 的油路相通；反之，由先导电磁阀右边的电磁铁通电，可使 P 与 B、A 和 T 的油路相通；当先导电磁阀的两个电磁铁均不带电时，先导电磁阀阀芯在其对中弹簧作用下回到中位，此时来自主阀 P 口或外接油口的控制压力油不再进入主阀芯的左、右两个油腔，主阀芯左、右两个油腔的油液通过先导阀中间位置的 a、b 两个油口与先导阀 T′口相通，如图 6-7（b）所示，再从主阀的 T 口或外接油口流回油箱。主阀芯在两端对中弹簧的预压力的推动下，依靠阀体定位，准确地回到中位，此时主阀的 P、A、B、T 油口均不通。

④ 中位机能。对于各种操纵方式的三位四通和五通的换向滑阀，阀芯在中间位置时各油口的连通情况称为换向阀的中位机能。不同的中位机能，可以满足液压系统的不同要求，常见的三位四通、五通换向阀的中位机能的类型、滑阀状态和符号见表 6-1。由表 6-1 可以看出，不同的中位机能是通过改变阀芯的形状和尺寸得到的。

在分析和选择三位换向阀的中位机能时，通常考虑以下几点。

◆　系统保压：当 P 口被堵塞时，系统保压，液压泵能用于多缸系统。

◆　系统卸荷：当 P 口通畅地与 T 口相通时，系统卸荷。

◆　换向平稳性与精度：当液压缸 A 和 B 两个口都堵塞时，换向过程中易产生液压冲击，换向不平稳，但换向精度高；反之，A 和 B 两个口都与 T 相通时，换向过程中工作部件不易制动，换向精度低，但液压冲击小。

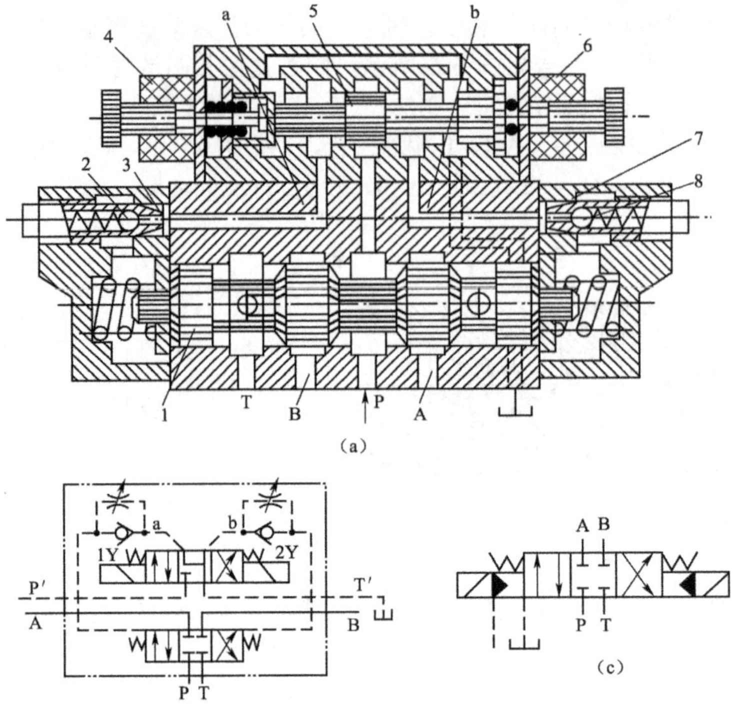

1—液动阀阀芯（主阀芯）；2，8—单向阀；3，7—节流阀；4，6—电磁铁；5—电磁阀阀芯

图 6-7　三位四通电-液换向阀的结构和图形符号

◆　启动平稳性：当阀在中位时，液压缸某腔例如通油箱，则启动时该腔内因无足够的油液起缓冲作用，启动不平稳。

◆　液压缸“浮动”和在任意位置上的停止：当阀在中位时，当 A 和 B 两个油口互通时，卧式液压缸呈“浮动”状态，可利用其他机构移动工作台，调整其位置。当 A 和 B 两个油口堵塞，则可以使液压缸在任意位置停下来，缸处于锁紧状态。

表 6-1　三位换向阀的中位机能

中位机能类型	中间位置时的滑阀状态	中间位置的符号	
		三 位 四 通	三 位 五 通
O	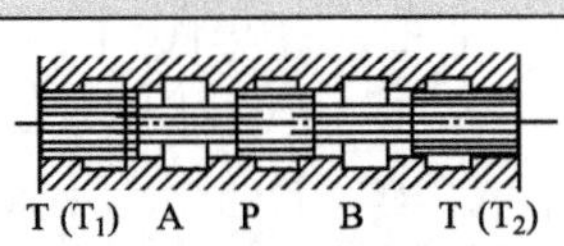	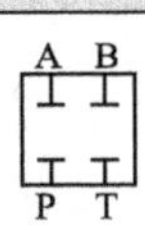	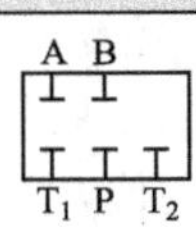
H	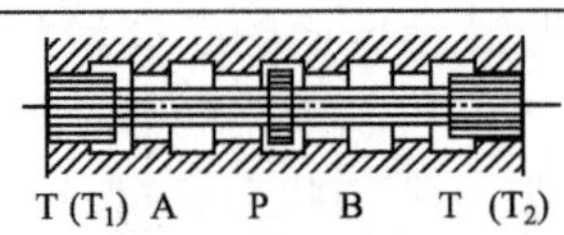	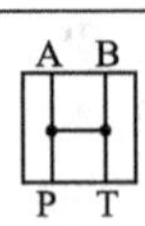	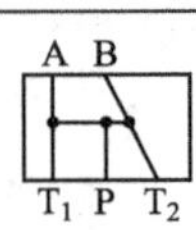
Y	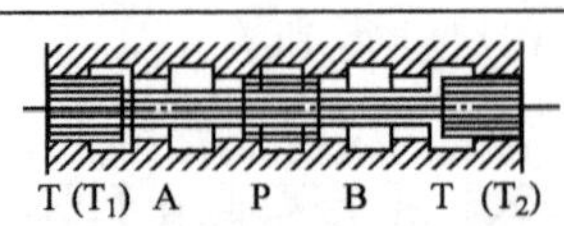	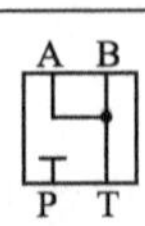	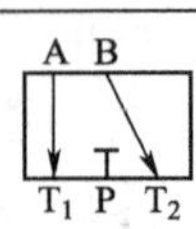
J	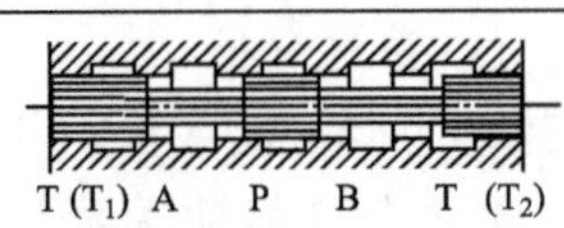	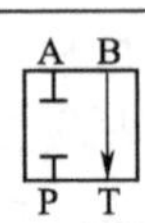	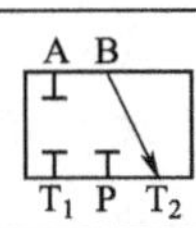

续表

中位机能类型	中间位置时的滑阀状态	中间位置的符号	
		三 位 四 通	三 位 五 通
C	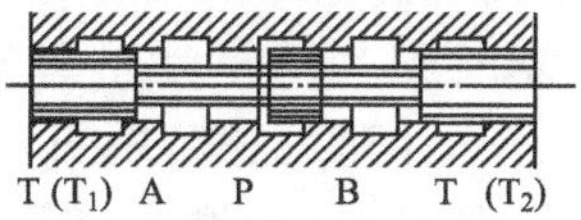	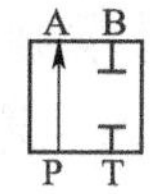	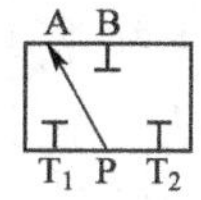
P	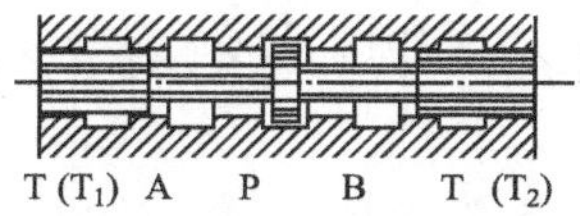	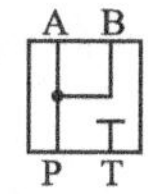	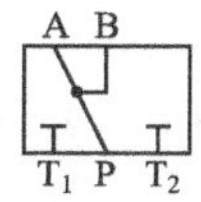
K	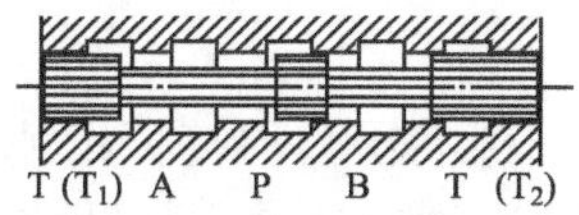	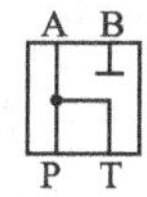	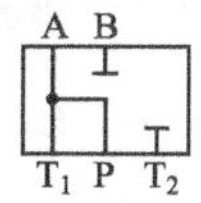
X	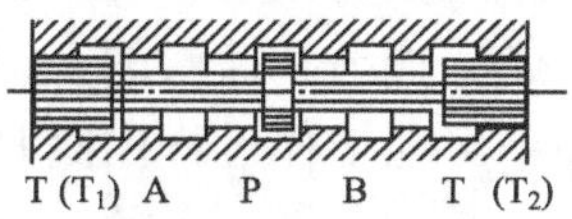		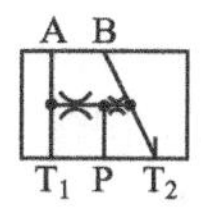
M	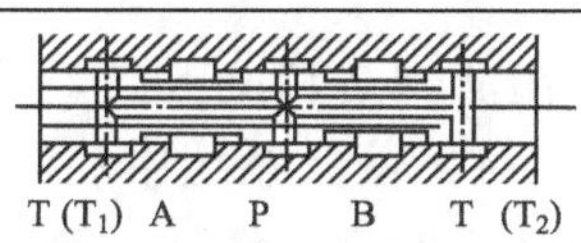	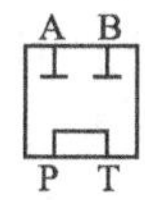	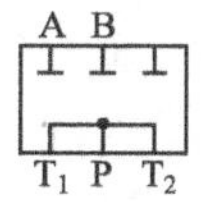

3．锁紧回路

锁紧回路的作用是使液压缸停止运动时能够准确地停止在要求的位置上，而不因外界影响发生漂移或窜动。一般多用液控单向阀或 O 型和 M 型换向阀组成锁紧回路，如图 6-8 所示。

利用换向阀 M 型中位机能的三位四通电磁换向阀的锁紧回路。当电磁铁都断电，阀芯处于中位时，将液压缸两腔油路切断，活塞停止运动。由于液压缸两腔均被封闭，活塞锁紧在停止的位置上。这种采用 M 型或 O 型换向阀的锁紧回路，由于滑阀式换向阀不可避免地存在泄漏，密封性较差，因此锁紧效果差，只适用于短时间的锁紧或锁紧程度要求不高的场合。

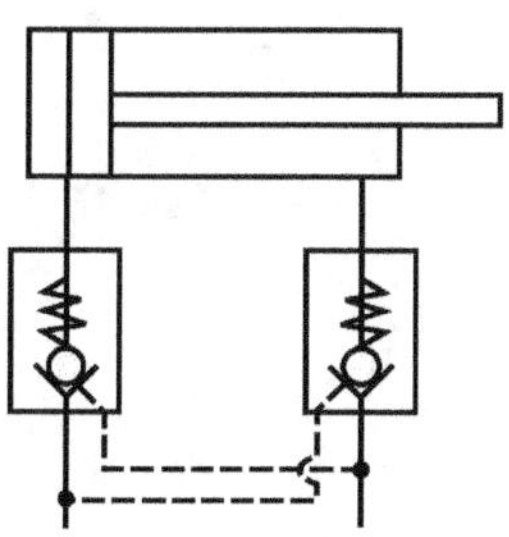

图 6-8　用液控单向阀的锁紧回路

用液控单向阀的锁紧回路如图 6-8 所示。在液压缸两腔的油路上设置一个液控单向阀，当三位四通电磁换向阀处于中位时，泵停止向液压缸供油，液压缸停止运动，此时两个液控单向阀将液压缸两腔油液封闭在里面，使液压缸锁住。由于液控单向阀的锥阀关闭的严密性，因此密封性好，即使在外力作用下活塞也能长时间地将活塞准确地锁紧在停止位置。采用液控单向阀的锁紧回路，换向阀采用 H 型或 Y 型中位机能。当液压缸停止时，液压泵卸荷，液控单向阀才能迅速起到锁紧作用。

6.3 压力控制回路和压力控制阀

压力控制回路是利用压力控制阀来控制系统整体或某一部分的压力，实现调压、稳压、减压、增压、卸荷等目的，以满足液压执行元件对力和转矩的要求。

常用的压力控制阀有溢流阀、减压阀、顺序阀、压力继电器等，各压力阀虽然结构和功能各异，但与气动系统压力控制阀一样，是利用作用在阀芯上的液压力和弹簧力相平衡的原理进行工作的。

6.3.1 调压回路与溢流阀

调压回路的功能是使液压系统的整体或部分的压力保持恒定或不超过某个数值。在节流调速系统中，液压泵的供油压力可以通过溢流阀来调节。如图 6-9（a）所示，该回路由定量泵 1、节流阀 3、溢流阀 2 和液压缸 4 组成。调节节流阀的开口可调节进入执行元件的流量，而定量泵多余的油液则从溢流阀流回油箱。在工作过程中阀是常开的，液压泵的工作压力决定于溢流阀的调整压力而基本保持恒定。

如图 6-9（b）所示，该回路由变量泵 1、溢流阀 2 和液压缸 4 组成。液压泵启动后，液压缸左腔进油，右腔回油，活塞向右运动。此时，液压系统中的压力由液压缸上的负载决定，溢流阀 2 阀口关闭；当系统超载时，系统压力升高，达到溢流阀 2 的调整压力时，阀口打开，压力油经阀口返回油箱，从而限定系统的最高工作压力，以保证液压系统的安全，起过载保护作用。

图 6-9 中溢流阀为直动式溢流阀。它是依靠系统中的压力油直接作用在阀芯上与弹簧力等相平衡，以控制阀芯的启闭动作，该阀的定压精度就低。所以，这种低压直动式溢流阀一般用于压力小于 2.5 MPa 的小流量场合。

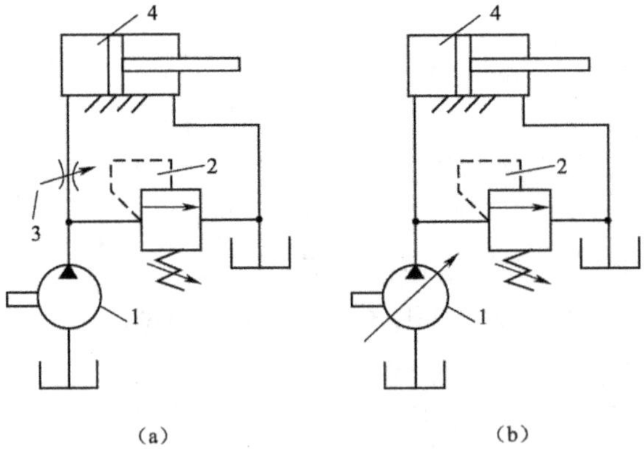

（a）　　（b）

1—泵；2—溢流阀；3—节流阀；4—液压缸

图 6-9　调压回路

先导式溢流阀的结构示意图如图 6-10 所示。它由先导阀和主阀两部分组成。先导阀实际上是一个小流量的直动式溢流阀，阀芯是锥阀，用来控制压力；主阀阀芯是滑阀，用来控制溢流流量。

压力油从 P 口进入，通过阻尼孔 3 后作用在先导阀 4 上。当进油口压力较低，先导阀上的液压作用力不足以克服先导阀右边的弹簧 5 的作用力时，先导阀关闭，没有油液流过阻尼孔，所以主阀芯 2 两端的压力相等，在较软的主阀弹簧 1 的作用下主阀芯 2 处于最下端位置，溢流阀阀口 P 和 T 隔断，没有溢流。

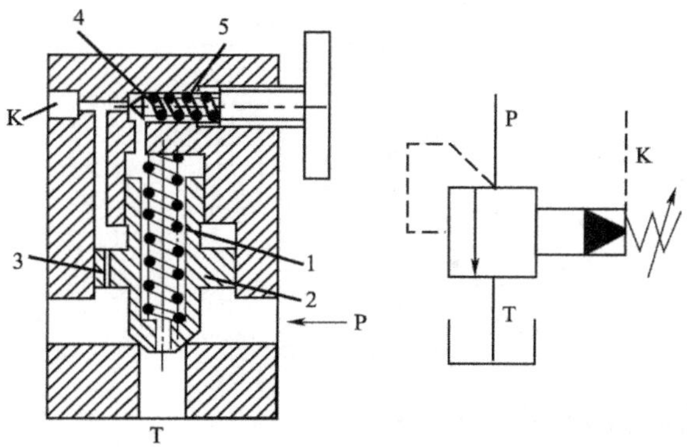

1—主阀弹簧；2—主阀芯；3—阻尼孔；4—先导阀；5—弹簧

图 6-10　先导式溢流阀

当进油口压力升高到作用在先导阀上的液压作用力大于先导阀弹簧作用力时，先导阀打开，压力油就可通过阻尼孔，经先导阀流回油箱，由于阻尼孔的作用，使主阀芯上端的液压力和下端压力这个压力差作用在主阀芯上的作用力等于或超过主阀弹簧力并克服摩擦力和主阀芯自重时，主阀芯开启，油液从 P 口流入，经主阀阀口由 T 流回油箱，实现溢流，使油液压力不超过设定压力。若油液压力随溢流而下降至先导阀上的液压作用力小于弹簧 5 的弹簧力时，先导阀关闭，没有油液流过阻尼孔，主阀芯在主阀弹簧 1 的作用下往下移动，关闭回油口，停止溢流。这样，在系统压力超过调定压力时溢流阀溢流，不超过时则不溢流，起到限压、溢流的作用。

先导式溢流阀压力稳定、波动小，主要用于中压系统。

先导式溢流阀还可以实现远程调压或卸荷的作用。先导式溢流阀有一个远程控制油口 K，如果将 K 口用油管通过一个二位二通电磁换向阀接到一个直动式溢流阀 4 上（直动式溢流阀的调整压力要小于先导式溢流阀的调整压力），如图 6-11 所示，就组成了二级调压回路。由先导式溢流阀 2 和直动式溢流阀 4 各调一级，当二位二通电磁阀 3 处于图示位置时，系统压力由阀 2 调定。当阀 3 通电后处于右位时，系统压力由阀 4 调定；当系统压力由阀 4 调定时，先导式溢流阀 2 的先导阀口关闭，但主阀开启。液压泵的溢流流量经主阀回到油箱。同样原理亦可组成三级调压回路。

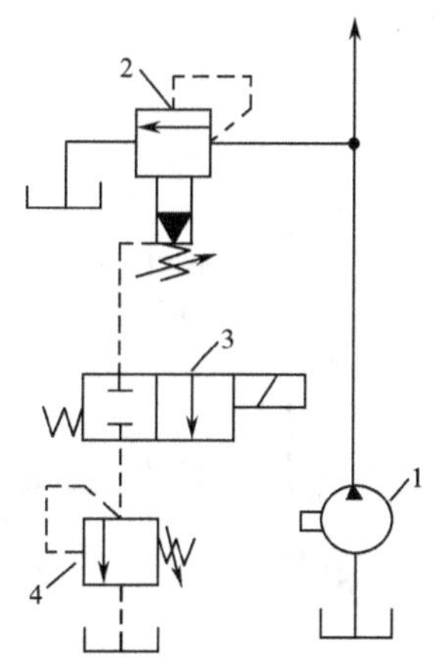

1—泵；2—先导式溢流阀；3—电磁换向阀；4—直动式溢流阀

图 6-11　二级调压回路

【例 6-1】　如图 6-12 所示回路，溢流阀的调定压力为 4MPa，若阀芯阻尼小孔造成的损失不计，试判断下列情况下压力表读数各为多少？

（1）Y 断电，负载为无限大时；

（2）Y 断电，负载压力为 2MPa 时；

（3）Y 通电，负载压力为 2MPa 时。

解：（1）Y 断电，负载为无限大时，由溢流阀调压，压力表读数为 4MPa；

（2）Y 断电，负载压力为 2MPa 时；溢流阀关闭，压力取决于负载压力，压力表读数为 2MPa；

（3）Y 通电，负载压力为 2MPa 时，溢流阀卸荷，压力表读数为 0。

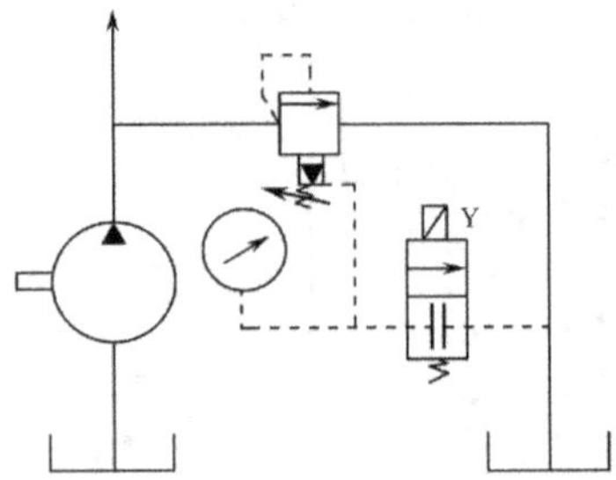

图 6-12　调压回路

6.3.2　减压回路与减压阀

减压回路的功能是使系统中的某一个支路上得到比溢流阀调整压力低且稳定的工作压力。机床的工件夹紧、导轨润滑及液压系统的控制油路常采用减压回路。

如图 6-13 所示，该回路由液压泵、溢流阀、减压阀、单向阀和夹紧缸组成。液压泵的供油压力由工作油路上的负载决定，溢流阀起过载保护作用。当泵的供油压力高于减压阀的调整压力时，减压阀起减压作用，夹紧缸油路上获得较低的稳定压力。

减压回路也可以类似二级或三级调压的方法获得二级或三级减压。利用先导式减压阀 1 的远控口接一个远控溢流阀 2，如图 6-14 所示，则可由阀 1、阀 2 各调得一种低压，但要注意，阀 2 的调定压力值一定要低于阀 1 的调定压力值。

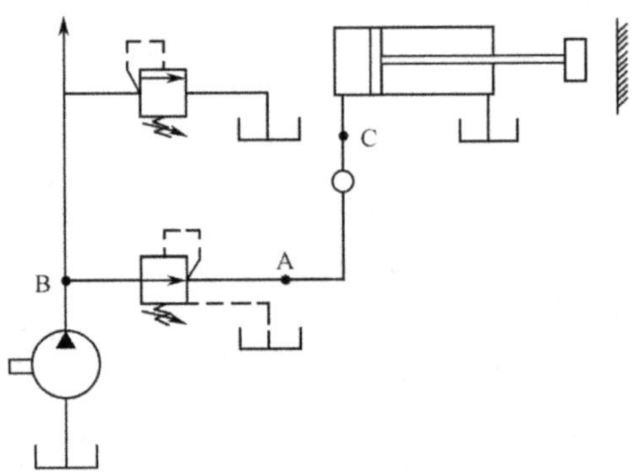

图 6-13　减压回路

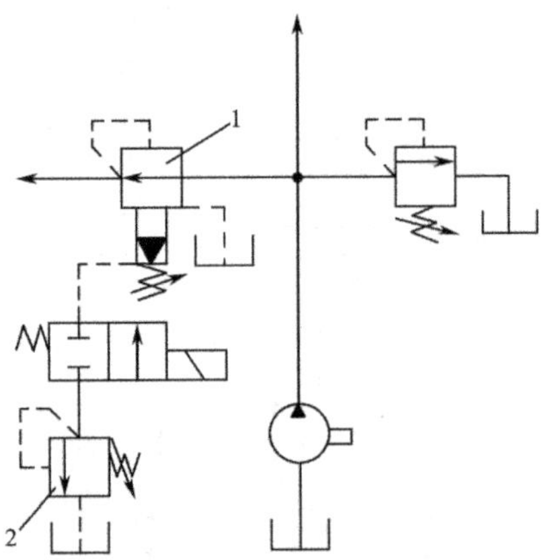

1—先导式减压阀；2—溢流阀

图 6-14　二级减压回路

【例 6-2】　如图 6-13 所示的减压回路中，溢流阀的调整压力为 5MPa，减压阀的调整压力为 2.5MPa，试分析下列情况，并说明减压阀阀口处于什么状态？

（1）当泵出口压力等于溢流阀调整压力时，夹紧缸使工件夹紧后，A、C 点的压力各为多少？

（2）当泵出口压力由于工作缸快进压力降到 1.5MPa 时（工件原先处于夹紧状态）A、C 点的压力各为多少？

（3）夹紧缸在夹紧工件前作空载运动时，A、B、C 三点的压力各为多少？

解：（1）工件夹紧时，夹紧缸压力即为减压阀调整压力，$p_A=p_C=2.5MPa$。减压阀开口很小，这时仍有一部分油通过减压阀阀芯的小开口（或三角槽），将先导阀打开而流出，减压阀阀口始终处在工作状态。

（2）泵的压力突然降到 1.5MPa 时，减压阀的进口压力小于调整压力，减压阀阀口全开而先导阀处于关闭状态，阀口不起减压作用，$p_A=p_B=1.5MPa$。单向阀后的 C 点压力，由于原来夹紧缸处于 2.5MPa，单向阀在短时间内有保压作用，故 $p_C=2.5MPa$，以免夹紧的工件松动。

（3）夹紧缸作空载快速运动时，$p_C=0$。A 点的压力如不考虑油液流过单向阀造成的压力损失，$p_A=0$。因减压阀阀口全开，若压力损失不计，则 $p_B=0$。由此可见，夹紧缸空载快速运动时将影响到泵的工作压力。

为了使减压回路工作可靠，减压阀的最低调整压力不应小于 0.5MPa，最高调整压力至少应比系统压力小 0.5MPa。当减压回路中的执行元件需要调速时，调速元件应放在减压阀的后面，以避免减压阀泄漏（指由减压阀泄油口流回油箱的油液）对执行元件的速度产生影响。

6.3.3　卸荷回路

卸荷回路的功能是在液压泵不停转的情况下，使液压泵在功率损耗接近于零的情况下运转，以减少功率损耗，降低系统发热，延长泵和电动机的寿命。

常用的卸荷回路有以下几种。

（1）换向阀卸荷回路

M，H，K 型中位机能的三位换向阀处于中位时，泵即卸荷，采用 M 型中位机能的电液换向阀的卸荷回路如图 6-15 所示，这种回路切换时压力冲击小，但回路中必须设置单向阀，以使系统能保持 0.3 MPa 左右的压力，供操纵控制油路之用。

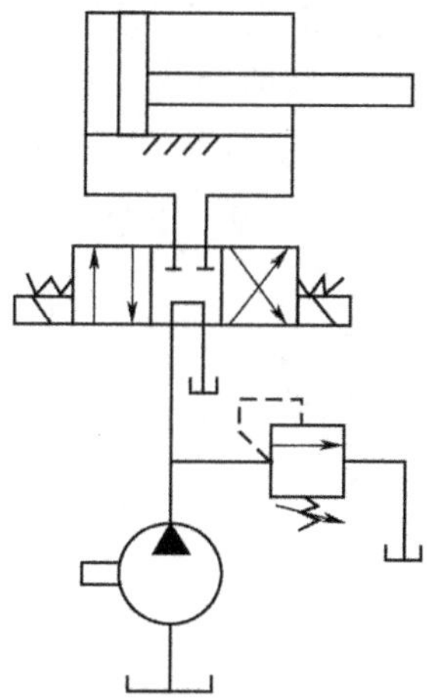

图 6-15　用 M 型换向阀的卸荷回路

（2）用先导型溢流阀卸荷的卸荷回路

先导型溢流阀的远程控制口通过二位二通电磁阀接通油箱时如图 6-16 所示，主阀芯上端的压力接近于零，主阀芯上移到最高位置，阀口开得很大。由于主阀弹簧较软，这时溢流阀 P 口处压力很低，系统的油液在低压下通过溢流阀流回油箱，实现卸荷。泵卸荷时，由蓄能器补充泄漏来保证液压缸压力。当蓄能器的压力降低到一定值时，压力继电器发出电信号使二位二通电磁换向阀的电磁铁断电，液压泵向系统供油并向蓄能器充液，以保证系统的压力。这种回路多用于夹紧系统。

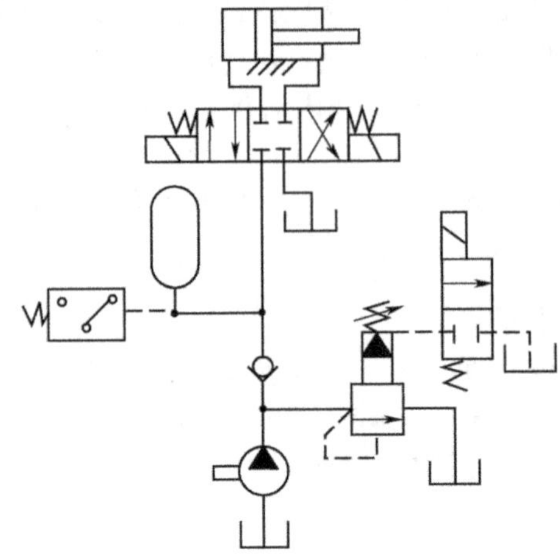

图 6-16　用先导型溢流阀卸荷的卸荷回路

6.3.4　平衡回路

平衡回路的功能在于防止垂直或倾斜放置的液压缸和与之相连的工作部件因自重而自行下落。

采用单向顺序阀的平衡回路如图 6-17（a）所示。当 1YA 通电后，活塞下行时，回油路上就存着一定的背压；只要将这个背压调到能支撑住活塞和与之相连的工作部件自重，活塞就可以平稳地下落。当换向阀处于中位时，活塞就停止运动，不再继续下移。这种回路在活塞向下快速运动时功率损失大，锁紧时活塞和与之相连的工作部件会因单向顺序阀和换向阀的泄漏而缓慢下落；因此，它只适用于工作部件质量不大、活塞锁住时定位要求不高的场合。

采用液控顺序阀的平衡回路如图 6-17（b）所示。当活塞下行时，控制压力油打开液控

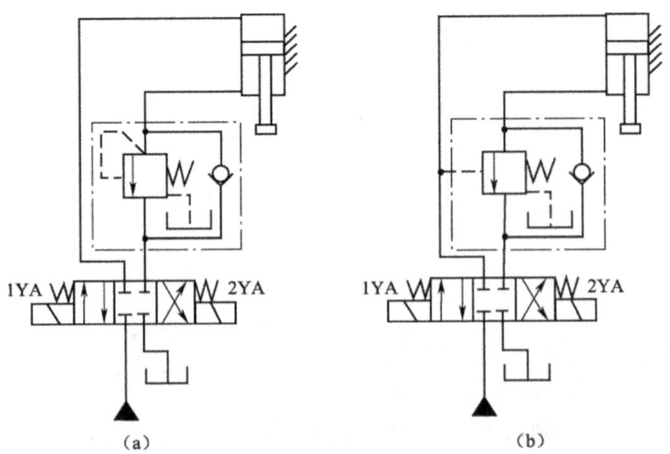

图 6-17　平衡回路

顺序阀，背压消失，因而回路效率较高。当停止工作时，液控顺序阀关闭以防止活塞和工作部件因自重而下降。这种平衡回路的优点是只有上腔进油时活塞才下行，比较安全可靠；缺点是活塞下行时平稳性较差。这是因为活塞下行时，液压缸上腔油压降低，将使液控顺序阀关闭。当顺序阀关闭时，因活塞停止下行，使液压缸上腔油压升高，又打开液控顺序阀。因此液控顺序阀始终工作于启闭的过渡状态，因而影响工作的平稳性，这种回路适用于运动部件质量或负载时常变化的场合。用顺序阀的平衡回路目前在插床和一些锻压机械上应用较广泛。

【例 6-3】 如图 6-17（a）所示的平衡回路中，若液压缸无杆腔有效面积为 $A_1=80\times10^{-4}m^2$，有杆腔有效面积 $A_2=40\times10^{-4}m^2$，活塞与运动部件自重 G=6 000N，运动时活塞上的摩擦力为 F_f=2 000N，向下运动时要克服负载阻力为 F_L=24 000N，试问顺序阀和溢流阀的最小调整压力应各为多少？

解：（1）防止活塞及运动部件下滑所需的背压为

$$p_2=\frac{G}{A_2}=\frac{6\,000\text{N}}{40\times10^{-4}\text{m}^2}\times10^{-6}=1.5\times10^6\text{Pa}=1.5\text{MPa}$$

故顺序阀的最小调整压力 $p_x>p_2$=1.5MPa。

（2）设活塞及运动部件向下运动所需的液压缸上腔压力为 p_1

由　$$p_1A_1=p_2A_2+F_f+F_L-G$$

得　$$p_1=\frac{A_2}{A_1}p_2+\frac{F_f+F_L-G}{A_1}=\frac{1}{2}\times1.5\text{MPa}+\frac{2\,000\text{N}+24\,000\text{N}-6\,000\text{N}}{80\times10^2\text{m}^2}$$
$$=3.25\text{MPa}$$

故溢流阀的最小调整压力 $p_Y>p_1$=3.25MPa。

6.4 速度控制回路和流量控制阀

液压传动系统中的速度控制回路包括调节液压执行元件速度的调速回路、使之获得快速运动的快速回路及速度换接回路。

与气压传动系统一样，其核心元件是流量控制阀，液压流量控制阀主要有节流阀和调速阀，其中节流阀与气动节流阀类似。

6.4.1 调速回路

1. 节流调速回路

在定量泵液压系统中，节流阀与溢流阀配合组成三种节流调速回路，即进油节流、回油节流、旁路节流调速回路。回油节流调速回路如图 6-18 所示。定量泵的供油压力由溢流阀调定，液压缸的速度靠调节节流阀开口的大小来控制，泵多余的流量由溢流阀溢流回油箱。这种回路执行元件的速度受负载变化的影响较大，只适用于低速、轻载且负载变化较小的液压系统。若将节流阀改换成调速阀，则速度的稳定性得以提高，可用于速度较大、负载较大且负载变化较大的液压系统。

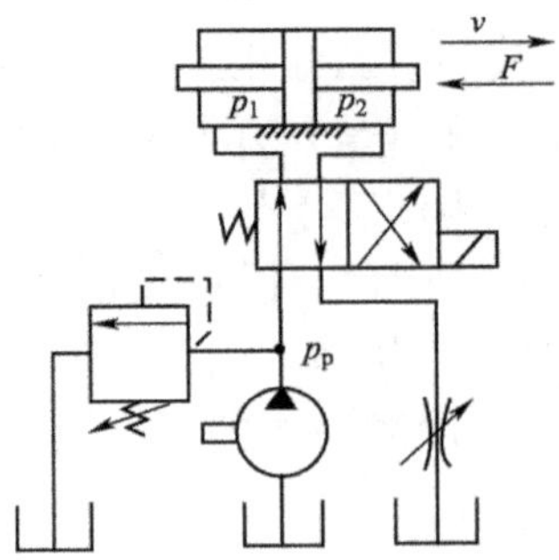

图 6-18　回油节流调速回路

调速阀是由定差减压阀与节流阀串接而成。定差减压阀能自动保持节流阀前、后的压力差不变，从而使通过节流阀的流量不受负载的影响。其工作原理图如图 6-19 所示。液压泵的出口（即调速阀的进口）压力 p_1，由溢流阀调定，基本上保持恒定。调速阀出口处的压力 p_3 由液压缸负载 F 决定。油液先经减压阀产生一次压力降，将压力降到 p_2，此压力油经通道 f 和 e 进入减压阀的 c 腔和 d 腔。节流阀的出口压力 p_3 又经反馈通道 a 作用到减压阀的上腔 b，当减压阀的阀芯在弹簧力 F_s、油液压力 p_2 和 p_3 的作用下处于某平衡位置时有 $p_2A_1+p_2A_2=p_3A+F_s$，其中 A_1、A_2 和 A 分别为 c 腔、d 腔和 b 腔内的压力油作用在阀芯的有效面积，且 $A=A_1+A_2$，故 $p_2-p_3=\Delta p=F_s/A$。因为弹簧刚度较低，且工作过程中减压阀阀芯位移很小，可以认为 F_s 基本保持不变。故节流阀两端压力差 p_2-p_3 也基本保持不变，这就保证了通过节流阀的流量稳定。

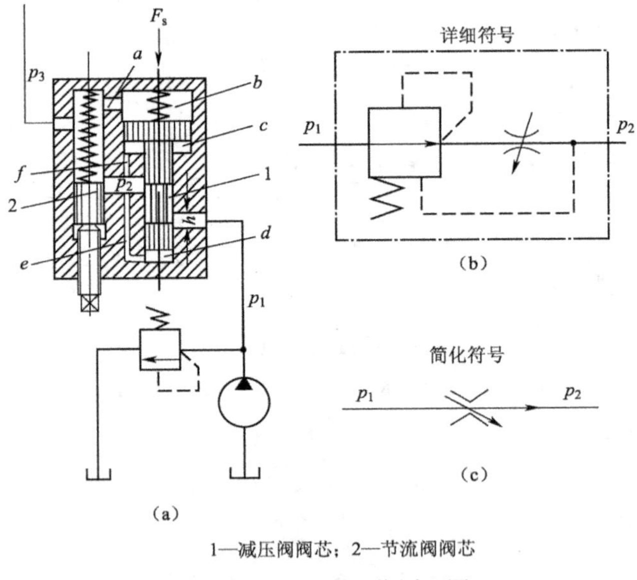

1—减压阀阀芯；2—节流阀阀芯

图 6-19　调速阀工作原理图

2．容积调速回路

容积调速回路是依靠改变变量泵或变量马达的排量来实现调速的，主要优点是没有节流损失和溢流损失，因而效率高、油液温升小，适用于高速、大功率调速系统。其缺点是变量泵和变量马达的结构较复杂，成本高。

容积调速回路通常有三种基本形式：由变量泵和定量液压执行元件组成的容积调速回路；由定量泵和变量马达组成的容积调速回路；由变量泵和变量马达组成的容积调速回路。

变量泵和定量液压缸组成的容积调速回路如图 6-20 所示。改变变量泵的排量即可调节活塞的运动速度 v，液压缸需要多少流量，变量泵就供应多少。阀 2 为溢流阀，限制回路中的最大压力。这种回路为恒推力（转矩）调速回路，其最大输出推力（转矩）不随速度的变化而变化，适用于执行元件运动要求负载转矩变化不大的液压系统，例如磨床、拉床、插床、刨床的主运动，以及钻床、镗床的进给运动。

定量泵和变量马达组成的容积调速回路如图 6-21 所示。变量泵 1 输出的流量不变，调节变量马达的排量便可改变其转速。这种回路称恒功率调速回路，其特点是变量马达在任何转速下输出的功率都不变，但由于变量马达的最高工作速度受到限制且换向易出故障，所以很少单独使用。

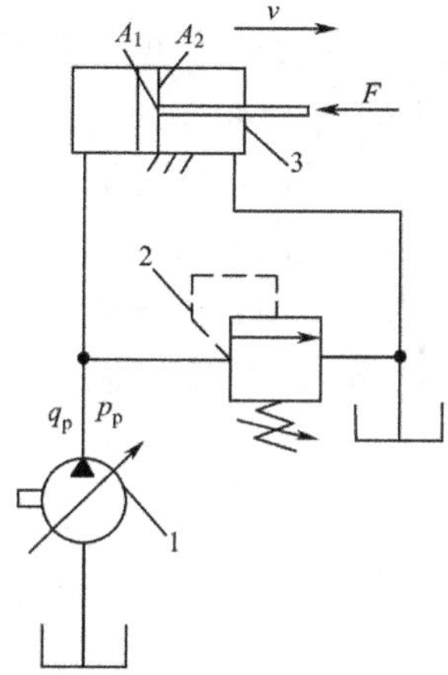

1—变量泵；2—溢流阀；3—液压缸

图 6-20　变量泵和定量液压缸组成的容积调速回路

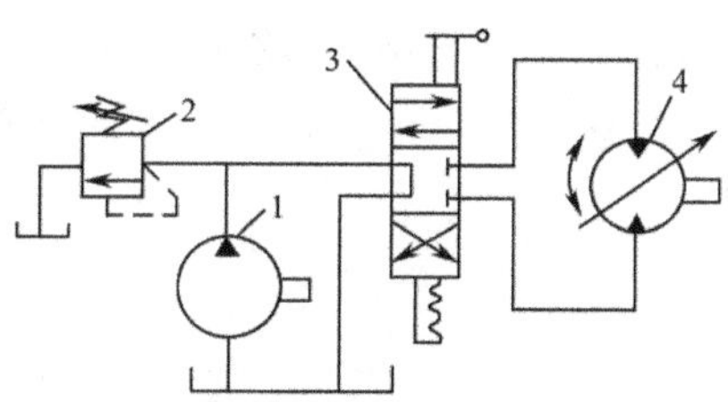

1—定量泵；2—溢流阀；3—换向阀；4—变量马达

图 6-21　定量泵和变量马达组成的容积调速回路

变量泵和变量马达组成的容积调速回路如图 6-22 所示。改变变量泵和变量马达的排量，实现无级调速，大大扩大了变速范围。图中双向变量泵 3 既能改变流量，供变量马达 4 的转速需要，又能反向供油，实现变量马达反向旋转。液压泵 1 通过单向阀 6 和 7 实现向系统双向泄漏补油，单向阀 8 和 9 使安全阀 5 在两个方向上都起到安全作用。这种回路的调速范围大、效率高、速度稳定性好，常用于龙门刨床的主运动和铣床的进给运动等大功率液压系统。

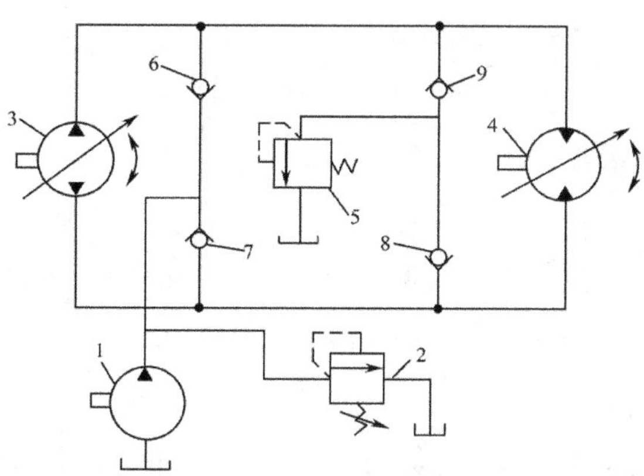

1—定量泵；2—溢流阀；3—变量泵；4—双向变量马达；5—安全阀；6，7，8，9—单向阀

图 6-22　变量泵和变量马达组成的容积调速回路

3．容积节流调速回路

容积节流调速回路是采用压力补偿型变量泵供油，用流量控制阀调定进入液压缸或由液压缸流出的流量来调节液压缸的运动速度，并使变量泵的输油量自动地与液压缸所需的流量相适应，这种调速回路没有溢流损失且效率较高，速度稳定性也比单纯的容积调速回路好，常用在速度范围大、中小功率的场合，例如组合机床的进给系统等。

由限压式变量泵和调速阀组成的容积节流调速回路如图 6-23 所示。该系统由限压式变量泵 1 供油，压力油经调速阀 3 进入液压缸工作腔，回油经背压阀 4 返回油箱，液压缸运动速度由调速阀中的节流阀的通流面积 A_T 来控制。设泵的流量为 q_p，则稳态工作时 $q_p=q_1$。可是在关小调速阀的一瞬间，q_1 减小，而此时液压泵的输油量还未来得及改变，于是出现 $q_p>q_1$，因回路中没有溢流（阀 2 为溢流阀），多余的油液使泵和调速阀间的油路压力升高，也就是泵的出口压力升高，从而使限压式变量泵的输出流量减小，直至 $q_p=q_1$；反之，开大调速阀的瞬间，将出现 $q_p<q_1$，从而会使限压式变量泵出口压力降低，输出流量自动增加，直至 $q_p=q_1$。由此可见调速阀不仅能保证进入液压缸的流量稳定，而且可以使泵的供油流量自动地和液压缸所需的流量相适应，因而也可使泵的供油压力基本恒定（该调速回路也称定压式容积节流调速回路）。这种回路中的调速阀也可装在回油路上，它的承载能力、运动平稳性、速度刚性等与对应的节流调速回路相同。

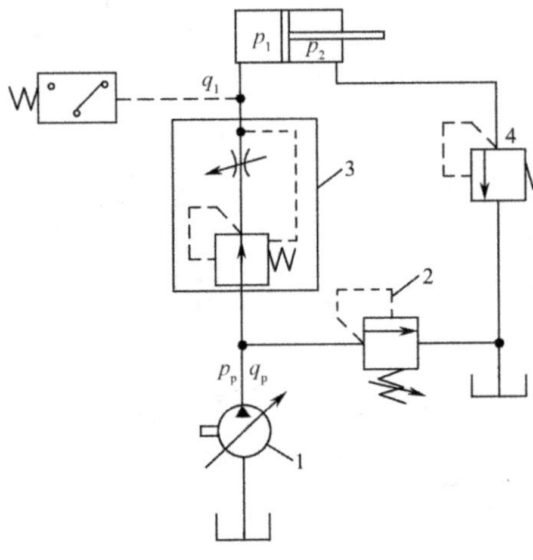

1—变量泵；2—溢流阀；3—调速阀；4—背压阀

图 6-23　容积节流调速回路

6.4.2　快速运动回路

快速运动回路又称增速回路，其功能在于使液压执行元件在空行程时获得所需的高速，以提高生产率或充分利用功率。根据式 $v=q_v/A$ 可知，增加进入液压缸的流量或缩小液压缸有效工作面积都能提高液压缸的运动速度。

1．液压缸差动连接回路

利用二位三通换向阀实现的液压缸差动连接回路如图 6-24 所示。当阀 1 和阀 3 在左位工作时，液压缸差动连接进行快进运动，当阀 3 通电时，差动连接即被切除，液压缸回油经过调速阀，实现工进，阀 1 切换至右位后，缸快退。这种连接方式，可在不增加液压泵流量的情况下提高液压执行元件的运动速度。这种回路简单、经济，但增速受液压缸两腔有效工作面积的限制，增速的同时液压缸的推力减小。

液压缸的差动连接也可用 P 型中位机能的三位换向阀来实现。

2. 采用蓄能器的快速运动回路

采用蓄能器的快速运动回路如图 6-25 所示。采用蓄能器的目的是当用流量较小的液压泵供油，而系统中短期需要大流量时，换向阀 5 处于左位或右位工作，泵 1 和蓄能器 4 共同向液压缸 6 供油，实现快速运动。当系统停止工作时，换向阀 5 处在中位，泵便经单向阀 3 向蓄能器供油，蓄能器压力升高至液控顺序阀 2 的调定压力，液控顺序阀 2 打开，使液压泵卸荷。

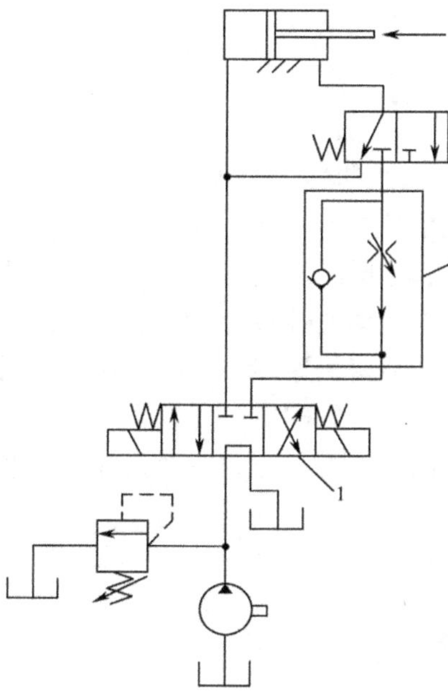

1—换向阀；2—单向调速阀；3—换向阀

图 6-24　液压缸差动连接回路

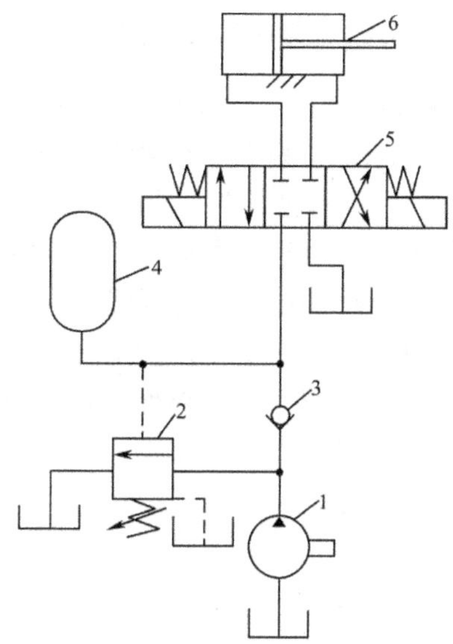

1—泵；2—液控顺序阀；3—单向阀；4—蓄能器；5—换向阀；6—液压缸

图 6-25　采用蓄能器的快速运动回路

3. 双泵供油回路

双泵供油快速运动回路如图 6-26 所示。泵 1 为低压大流量泵，泵 2 为高压小流量泵。在快速运动时，泵 1 输出的油液经单向阀 4 与泵 2 输出的油液共同向系统供油；工作行程时，负载较大，系统压力升高，打开卸荷阀 3 使大流量泵 1 卸荷，单向阀 4 被高压油封闭，由泵 2 向系统单独供油，系统的压力由溢流阀 5 调节。这种双泵供油回路的优点是功率损耗小、系统效率高，但回路较复杂、成本较高，常用于组合机床液压系统或快慢速相差较大的液压系统。

6.4.3　速度换接回路

速度换接回路的功能是使液压执行元件在一个工作循环中从一种运动速度变换到另一种运动速度。速度换接不仅包括液压执行元件从快速到慢速的换接，而且也包括两个慢速之间的换接。实现这些功能的回路应该具有较高的速度换接平稳性。

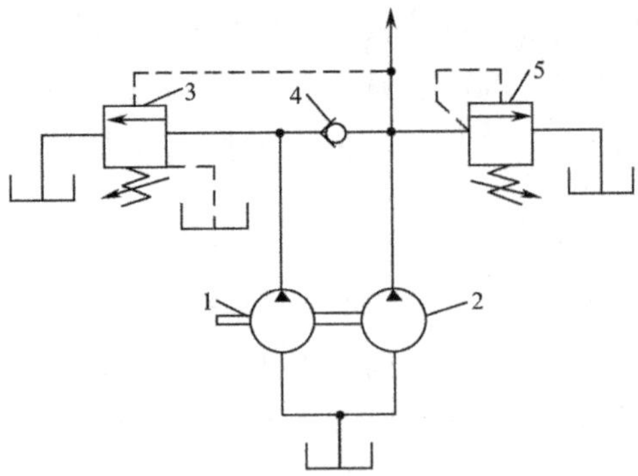

1—低压大流量泵；2—高压小流量泵；3—卸荷阀；4—单向阀；5—溢流阀

图 6-26　双泵供油快速运动回路

1．快速与慢速的换接回路

如图 6-24 所示的差动连接回路可以使液压缸的运动由快速转换为慢速。

在机床液压系统中常采用行程阀来实现。用行程阀的快慢速换接回路如图 6-27 所示。在图 6-27 所示状态下，液压缸快进，当活塞所连接的挡块压下行程阀 6 时，行程阀关闭。液压缸右腔的油液必须通过节流阀 5 才能流回油箱。活塞运动速度转变为慢速工进；当换向阀左位接入回路时，压力油经单向阀 4 进入液压缸右腔，活塞快速向右返回。这种回路的快慢速换接过程比较平稳，换接点的位置比较准确；缺点是行程阀的安装位置不能任意布置，管路连接较为复杂。若将行程阀改为电磁阀，安装连接比较方便，但速度换接的平稳性、可靠性及换向精度都较差。

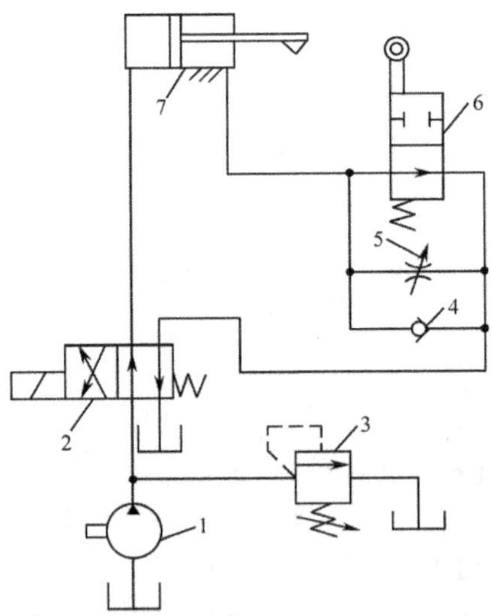

1—泵；2—换向阀；3—溢流阀；4—单向阀；5—节流阀；6—行程阀；7—液压缸

图 6-27　用行程阀的快慢速换接回路

2．两种慢速的换接回路

用两个调速阀来实现不同工进速度的换接回路如图 6-28 所示。图 6-28（a）中的两个调速阀并联，由换向阀实现换接。两个调速阀可以独立地调节各自的流量，互不影响；但是，一个调速阀工作时，另一个调速阀内无油通过。它的减压阀处于最大开口位置，因而速度换接使大量油液通过该处将使机床工作部件产生突然前冲现象。因此它不适用于在工作过程中的速度换接，只可用在速度预选的场合。

两调速阀串联的速度换接回路如图 6-28（b）所示。当主换向阀 D 左位接入系统时，调速阀 B 被换向阀 C 短接；输入液压缸的流量由调速阀 A 控制。当阀 C 右位接入回路时，由于通过调速阀 B 的流量调得比 A 小，所以输入液压缸的流量由调速阀 B 控制。在这种回路中的调速阀 A 一直处于工作状态，它在速度换接时，限制着进入调速阀 B 的流量，因此其速度换接的平稳性较好。但由于油液经过两个调速阀，所以能量损失较大。

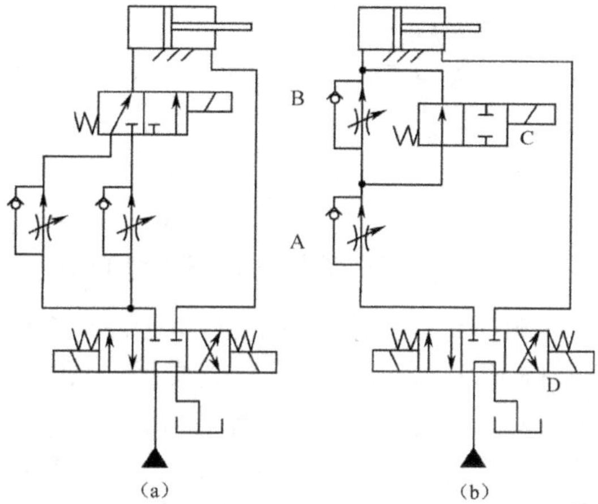

图 6-28　用两个调速阀来实现不同工进速度的换接回路

6.5　顺序动作回路

在多缸的液压系统中，要求各液压缸严格按预先规定的顺序而动作，实现这种功能的回路称为顺序动作回路。例如，在机床上加工工件必须将工件定位、夹紧后，才能进行切削加工。这种回路常用的控制方式有压力控制和行程控制。

6.5.1　压力控制的顺序动作回路

压力控制的顺序动作回路常采用顺序阀或压力继电器进行控制。

使用顺序阀控制的顺序动作回路如图 6-29 所示。当换向阀左位接入回路且顺序阀 D 的调定压力大于液压缸 A 的最大前进工作压力时，压力油先进入液压缸 A 的左腔，实现动作①；当液压缸行至终点后，压力上升，压力油打开顺序阀 D 进入液压缸 B 的左腔，实现动作②；同样地，当换向阀右位接入回路且顺序阀 C 的调定压力大于液压缸 B 的最大返回工作压力时，两个液压缸则按③和④的顺序返回。显然这种回路动作的可靠性取决于顺序阀的性能及其压力调定值，即它的调定压力应比前一个动作的压力高出 0.8～1.0MPa，否则顺序阀易在系统压力脉冲中造成误动作。虽然这种回路动作灵敏且安装连接较方便，但可靠性不高，位置精度低，所以这种回路适用于液压缸数目不多、负载变化不大的场合。

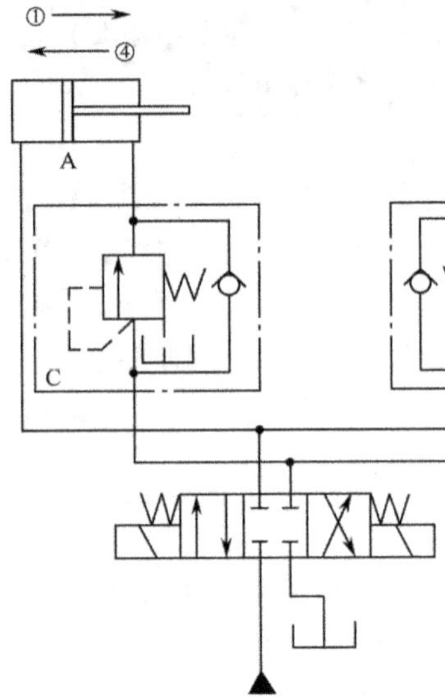

图 6-29　用顺序阀控制的顺序动作回路

使用压力继电器控制的顺序动作回路如图 6-30 所示。当电磁铁 1YA 通电后，压力油进入 A 缸的左腔，推动活塞按①方向运动。碰上止挡块后，系统压力升高，安装在 A 缸进油腔附近的压力继电器发出信号，使电磁铁 2YA 通电，于是压力油又进入 B 缸的左腔，推动活塞按②方向运动。回路中的节流阀以及和它并联的二位二通电磁阀是用来改变 B 缸运动速度的。为了防止压力继电器误发信号，其压力调整值一方面应比 A 缸动作时的最大压力高 0.3～0.5MPa，另一方面又要比溢流阀的调定压力低 0.3～0.5MPa。

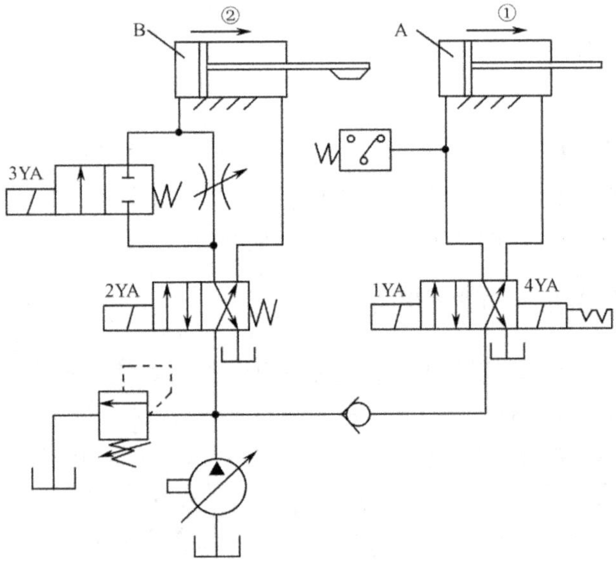

图 6-30　使用压力继电器控制的顺序动作回路

6.5.2　行程控制的顺序动作回路

行程控制的顺序动作回路常采用行程阀或行程开关进行控制。

使用行程阀控制的顺序动作回路如图 6-31 所示。它能使 A、B 两缸实现①→②→③→④工作顺序。在图 6-31 所示状态下，A、B 两缸活塞均处于左端位置。当手动换向阀 C 左位工作，压力油进入 A 缸左腔，活塞实现动作①；当 A 缸活塞杆上的挡块压下行程阀 D 后，压力油进入 B 缸的右腔，活塞实现动作②；当手动换向阀复位后，压力油进入 A 缸右腔，实现动作③；当 A 缸活塞杆上的挡块离开行程阀使行程阀复位时，压力油进入 B 缸右腔，实现动作④。这种回路工作可靠，动作顺序的换接平稳，但改变工作顺序困难，且管路长，压力损失大，不易安装，主要用于专用机械的液压系统。

使用行程开关控制的顺序动作回路如图 6-32 所示。它利用运动部件在一定位置时发出的信号来控制液压缸顺序动作。电磁铁 1YA 通电，换向阀 2 左位工作，液压缸 3 的活塞右移，完成动作①；当液压缸 3 的活塞右移到预定位置时，它的挡块压下行程开关 5，则 1YA 断电，3YA 通电，电磁换向阀 1 左位工作，液压缸 6 的活塞右移，完成动作②；当液压缸 6 的活塞右移到预定位置时，它的挡块压下行程开关 8，则 3YA 断电，2YA 通电，电磁换向阀 2 右位工作，液压缸 3 的活塞左移，完成动作③；当液压缸 3 的活塞左移到预定位置时，它的挡块压下行程开关 4，则 2YA 断电，4YA 通电，电磁换向阀 1 右位工作，液压缸 6 的活塞左移，完成动作④；当液压缸 6 的活塞左移到预定位置时，它的挡块压下行程开关 7，则 4YA 断电，电磁换向阀均处于中位，完成一个工作循环。这种回路的自动化程度高，调整行程方便灵活，利用电气互锁使顺序动作可靠，并且可以改变动作顺序，所以适用于动作循环经常要改变的场合。

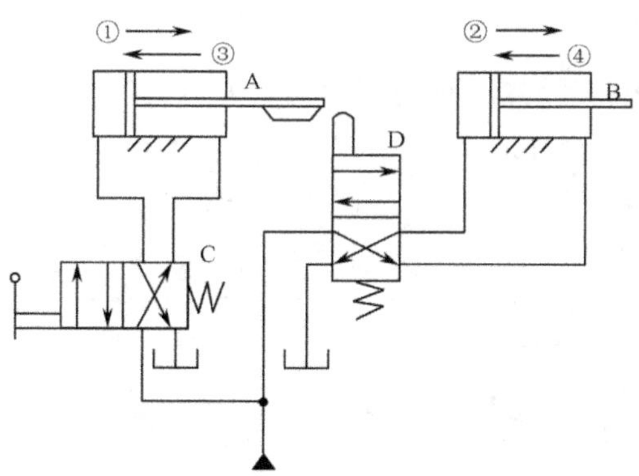

图 6-31　使用行程阀控制的顺序动作回路

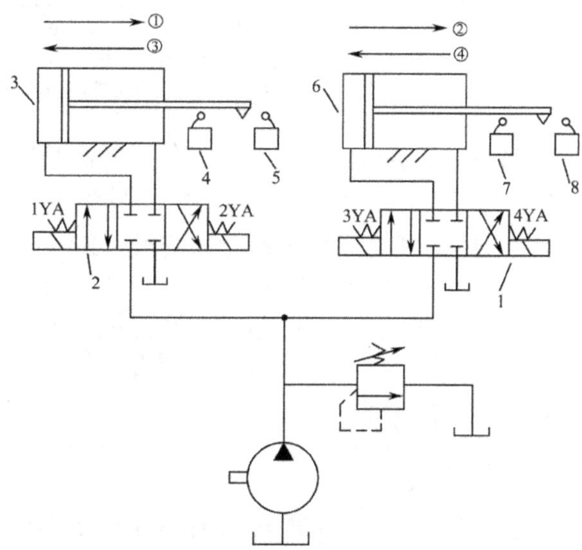

1，2—换向阀；3，6—液压缸；4，5，7，8—行程开关

图 6-32　使用行程开关控制的顺序动作回路

【例 6-4】　如图 6-33 所示液压系统，液压缸的有效面积 $A_1=A_2=100\text{cm}^2$，缸 I 负载 F_L=35 000N，缸 II 运动时负载为零。不计摩擦阻力、惯性力和管路损失。溢流阀、顺序阀和减压阀的调整压力分别为 4MPa、3MPa 和 2MPa。求在下列三种工况下 A、B、C 三点的压力。

（1）液压泵启动后，两换向阀处于中位时；

（2）1YA 通电，液压缸 I 活塞运动时及活塞运动到终端后；

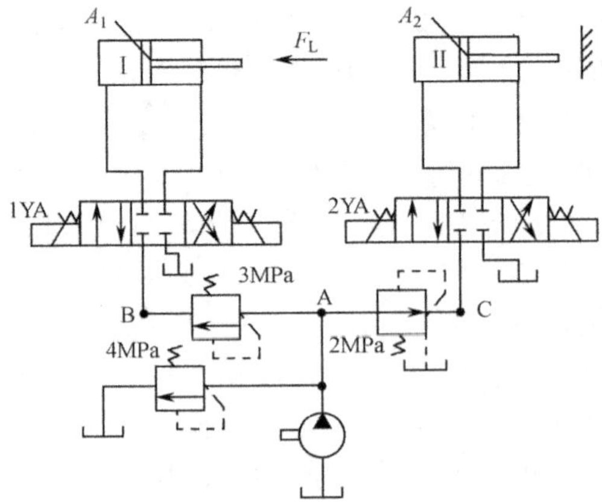

图 6-33　液压系统

（3）1YA 断电，2YA 通电，液压缸Ⅱ活塞运动时及活塞碰到固定挡块时。

解：（1）液压泵启动后，两换向阀处于中位时：顺序阀处于打开状态；减压阀的先导阀打开，减压阀口关小，A 点压力升高，溢流阀打开，这时

$$p_A = 4\text{MPa}, p_B = 4\text{MPa}, p_C = 2\text{MPa}$$

（2）1YA 通电，液压缸 I 活塞移动时

$$P_B = \frac{F}{A_1} = \frac{35\,000\text{N}}{100\text{cm}^2 \times 10^{-4}} = 35 \times 10^5\,\text{Pa}$$

$$p_A = p \ = 3.5\text{MPa}$$
$$p_C = 2\text{MPa}$$
（不考虑油液流经顺序阀的压力损失）

活塞运动到终点后，B、A 点压力升高至溢流阀打开，这时

$$p_A = 4\text{MPa}, p_B = 4\text{MPa}, p_C = 2\text{MPa}$$

（3）1YA 断电，2YA 通电，液压缸Ⅱ活塞运动时

$p_C = 0, p_B = 0, p_A = 0$（不考虑油液流经减压阀的压力损失）

活塞碰到固定挡块时　$p_C = 2\text{MPa}, p_A = 4\text{MPa}, p_B = 4\text{MPa}$

6.6　操作训练

6.6.1　采用 M 型中位机能的手动换向阀的换向回路

（1）训练目的

① 熟悉换向回路的装配和操作。

② 熟悉卸荷回路的操作和特点。

（2）训练工作图（如图 6-34 所示）

（3）训练参考步骤

① 启动泵，调整系统压力至 2.5 MPa，停止泵的运转。

② 参考图 6-30 完成回路的装配。

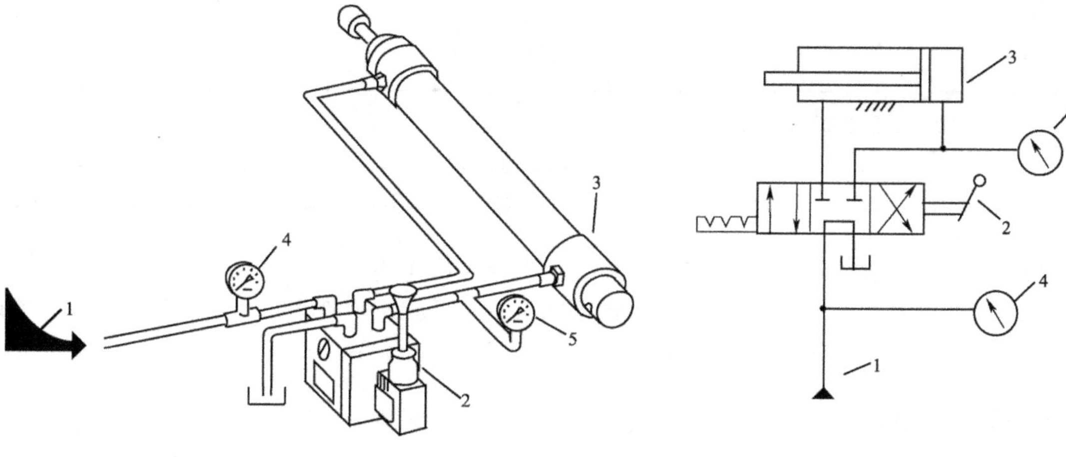

（a）结构组合图　　（b）回路

1—液压源；2—手动换向阀；3—液压缸；4，5—压力计

图 6-34　训练工作图

③ 移动方向控制阀的手柄，使方向控制阀处于中位。

④ 启动泵，向右移动方向控制阀手柄，观察液压缸的运动及压力计的变化并记录于表 6-2 中。

表 6-2　实验记录表

方向控制阀	液压缸	向________运动
	液压缸运动中	压力计 4________Pa
		压力计 5________Pa
	液压缸运动到底	压力计 4________Pa
		压力计 5________Pa

⑤ 在液压缸已运动到底并完成上述表格后，移动方向控制阀到中位，观察并记录于表 6-3 中。

表 6-3　实验记录表

方向控制阀	液　压　缸
	压力计 4________Pa（5s 后读取值）
	压力计 5________Pa（5s 后读取值）

⑥ 向左移动方向控制阀，观察并记录于表 6-4 中。

表 6-4　实验记录表

方向控制阀	液压缸	向________运动
	液压缸运动中	压力计 4________Pa
		压力计 5________Pa
	液压缸运动到底	压力计 4________Pa
		压力计 5________Pa

⑦ 移动方向控制阀到中位，观察并记录于表 6-5 中。

表 6-5　实验记录表

方向控制阀	液压缸　　　　向______运动
	压力计 4______Pa（5s 后读取值）
	压力计 5______Pa（5s 后读取值）

⑧ 停止泵的运转，关闭电源，拆卸管路，元件清理收回。

实验说明：该实验也可利用如图 6-15 或图 6-16 所示的实验回路来做，其目的是让实验者对卸荷回路有一个清楚且深刻的认识。

6.6.2　调压回路

（1）训练目的

① 熟悉溢流阀的功用。

② 明确调压回路的重要性。

③ 熟练调压回路的装配和操作。

（2）训练工作图（如图 6-35 所示）

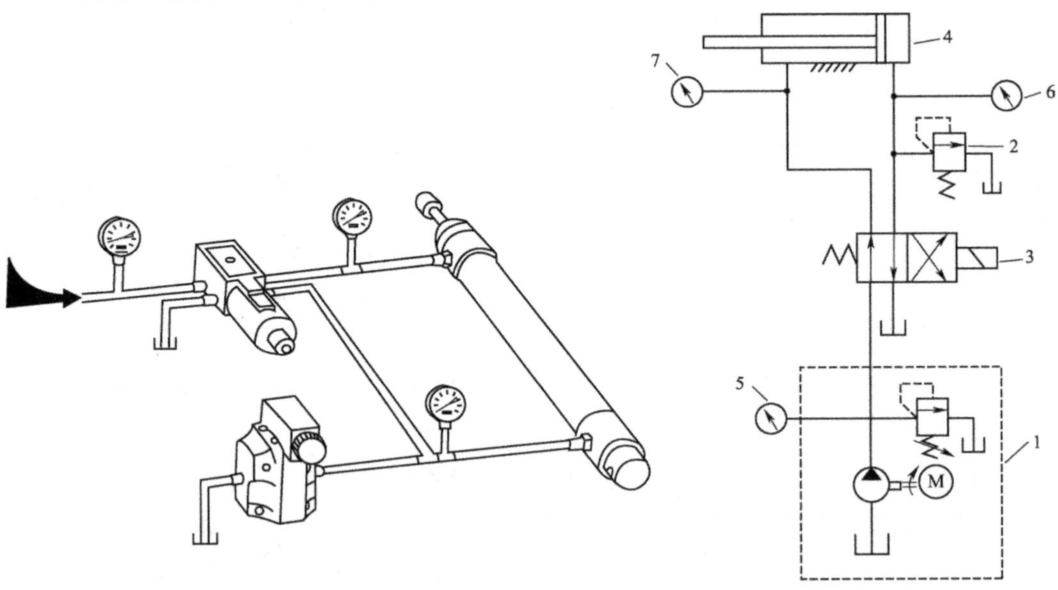

（a）结构组合图　　　　（b）回路

1—液压源；2—溢流阀；3—换向阀；4—液压缸；5，6，7—压力计

图 6-35　训练工作图

（3）训练参考步骤

① 启动泵，调整系统压力至 3MPa，停止泵的运转。

② 参考工作图完成回路的装配。

③ 活塞杆推出操作如下述。

◆　锁紧溢流阀 2，启动泵。

◆　操作方向控制阀 3 使活塞杆推出，在推出过程中，观察并记录各压力计的压力值填于表 6-6 中。

◆　活塞杆推到底时，记录各压力计的压力值。

◆　调整溢流阀 2 使压力计 6 的指示值为 1.5M Pa，再记录各压力计压力值。

◆　顺时针调整液压源 1 中的溢流阀半圈，观察各压力计压力值并记录在表 6-6 中，再逆时针旋转半圈。

④ 活塞杆缩回操作：与步骤③相同，在表 6-6 中记录不同情况下的压力值。

表 6-6　实验分析表

		压力计 5/Pa	压力计 6/Pa	压力计 7/Pa
活塞杆推出	推出途中			
	推出到底			
	调整溢流阀 2			
	调整液压源 1 中的溢流阀			
活塞杆缩回				

（4）分析与思考

① 两个溢流阀的作用是什么？

② 调压回路在液压系统中有何重要性？

③ 在第（3）项的步骤③和④中，调整液压源中的溢流阀对各管路的压力有何影响？为什么？

6.6.3　节流调速回路

（1）训练目的

① 熟悉进口节流调速和出口节流调速的特点。

② 熟悉进口节流调速和出口节流调速回路的装配和操作。

（2）训练工作图如图 6-1 所示。

（3）训练参考步骤

① 启动泵，调整系统压力至 2.5 MPa，停止泵的运转。

② 参考工作图完成回路的装配。

③ 流量固定，改变负载操作。

◆　启动泵，液压缸活塞杆在无负载状态，调整单向节流阀 6 使活塞杆在 5s 中完成推出动作。在表 6-7 中记录各压力计的压力值及动作时间。

◆　加一个轻负荷于活塞杆，活塞杆推出，在表 6-7 中记录各压力计的压力值及动作时间。

◆　加一个重负荷于活塞杆，活塞杆推出，在表 6-7 中记录各压力计的压力值及动作时间。

表 6-7 实验记录表

负荷情况	压力计 2	压力计 3	压力计 4	推出时间
无负荷	________Pa	________Pa	________Pa	5s
轻负荷	________Pa	________Pa	________Pa	________s
重负荷	________Pa	________Pa	________Pa	________s

◆ 释放负荷，停止泵的运转。

④ 将回路中的单向节流阀改装在进油路上，重复上述步骤③。

⑤ 双向速度控制，按如下步骤进行。

◆ 在进、回油路上都装上单向节流阀，如图 6-36 所示。

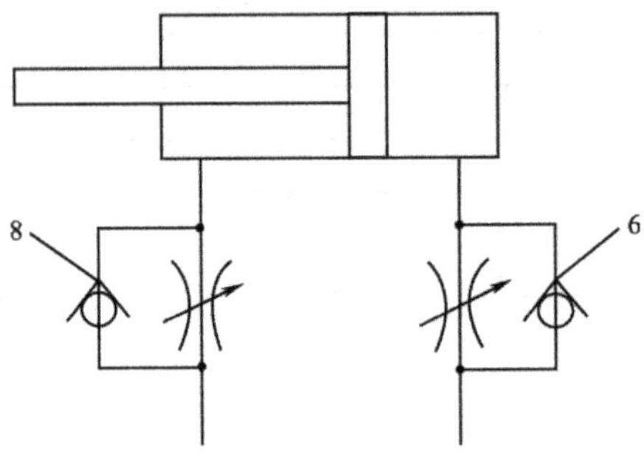

6—单向节流阀；8—单向节流阀

图 6-36 回路示意图

◆ 启动泵，液压缸活塞杆在无负载状态，操作活塞杆推出和缩回，记录其动作时间。

◆ 逐次调节节流阀 6，操作活塞杆动作，观察活塞杆动作时间并在表 6-8 中做记录。

◆ 逐次调节节流阀 8，操作活塞杆动作，观察活塞杆动作时间并在表 6-8 中做记录。

表 6-8 实验记录表

节流阀	阀门状态	推出（初始______s）	缩回（初始______s）
6	阀门加大	____s，速度变化____	____s，速度变化____
	阀门减小	____s，速度变化____	____s，速度变化____
8	阀门加大	____s，速度变化____	____s，速度变化____
	阀门减小	____s，速度变化____	____s，速度变化____

⑥ 停止泵的运转，关闭电源，拆卸管路，元件清理收回。

（4）分析与思考

① 单向节流阀 6 和 8 分别控制活塞杆的哪个动作速度？

② 压力计 3 的读数与负载有何关系？

③ 比较进口节流调速和出口节流调速的特点。

6.6.4 顺序动作回路

（1）训练目的

① 熟悉顺序阀的工作原理和功能。

② 熟悉顺序动作回路的作用，回路的装配与操作。

（2）训练工作图如图 6-37 所示。

（3）训练参考步骤

① 启动泵，调整系统压力至 2.5MPa，停止泵的运转。

② 参考图 6-37 完成回路的装配。

③ 液压缸活塞杆前进操作按如下步骤。

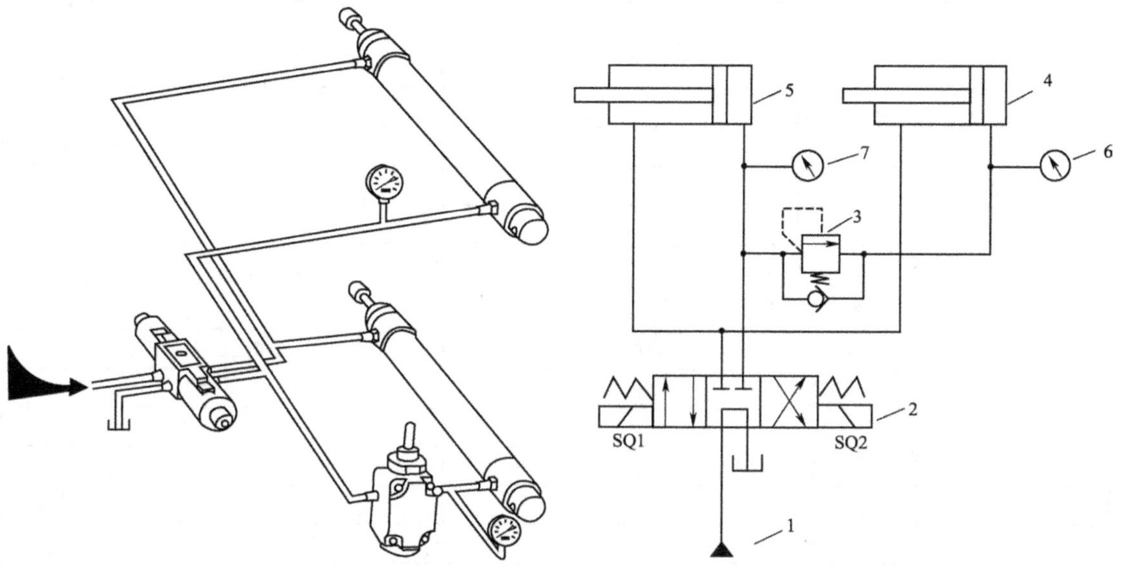

（a）结构组合图　　（b）回路

1—液压源；2—换向阀；3—顺序阀；4，5—液压缸；6，7—压力计

图 6-37　训练工作图

◆　旋紧顺序阀旋钮。

◆　启动泵，操作方向控制阀 2 使其处于右位，观察两个液压缸的动作状态与压力计 6 和 7 的压力并记录在表 6-9 中。

◆　调整顺序阀 3，直到液压缸 4 活塞杆开始运动，记录此时的压力，继续调整顺序阀使压力计 7 在活塞杆运动中压力为 1.5MPa，在表 6-10 中记录压力计 6 的压力值。

◆　液压缸 4 活塞杆推出到底时，记录各压力计的压力值，填写在表 6-10 中。

④ 液压缸活塞杆后退操作：操作方向控制阀 2 使其处于左位，观察两个液压缸的动作状态与压力计 6 和 7 的压力并记录在表 6-9 中。

⑤ 顺序回路操作的步骤如下所述。

◆　操作方向控制阀 2 使整个系统有一个完整的顺序动作，并记录每一个时段的动作现象及动作时间，填写在表 6-11 中。

◆　停止泵的运转。

⑥ 结束。拆卸管路，清理并收回元件。

（4）操作结果分析

表 6-9　实验记录表

液压缸活塞杆前进		液压缸活塞杆后退
液压缸 4 活塞杆	□推出　□不动	□缩回　□不动
液压缸 5 活塞杆	□推出　□不动	□缩回　□不动
压力计 6 变化情况		________Pa
压力计 7 变化情况		________Pa

表 6-10　实验记录表

液压缸活塞杆推出	压力计 6（Pa）	压力计 7（Pa）
活塞杆开始运动		
活塞杆推出中		
活塞杆推出到底		

表 6-11　实验记录表

顺 序 动 作	液压缸 4 活塞杆	液压缸 5 活塞杆
第一时段	□推出　□不动　□缩回	□推出　□不动　□缩回
动作时间	______s	______s
第二时段	□推出　□不动　□缩回	□推出　□不动　□缩回
动作时间	______s	______s
第三时段	□推出　□不动　□缩回	□推出　□不动　□缩回
动作时间	______s	______s

（5）分析与思考

① 在第（3）项的步骤③中，第 2 步操作时液压缸的活塞杆为何不能动作？

② 在步骤⑤中，液压缸 4 活塞杆和液压缸 5 活塞杆同时后退但不同步，液压缸 4 活塞杆的后退速度慢，为什么？

③ 若在液压缸 5 活塞杆前进中突加一个外力迫使其停止，液压缸 4 活塞杆是否会推出？

④ 液压缸 6 活塞杆后退到底后，液压缸 4 活塞杆后退速度变快，为什么？

习题 6

（1）常用的液压基本回路按其功能可分为哪几类？

（2）画出下列各种方向阀的图形符号：

① 二位三通交流电磁换向阀；　② 二位二通行程阀（常开）；

③ 二位四通电磁换向阀；　④ 三位四通 M 型手动换向阀（定位式）；

⑤ 三位五通 Y 型电磁换向阀；　⑥ 三位四通 H 型液动阀；

⑦ 三位四通 P 型电液换向阀；　⑧ 液控单向阀。

（3）锁紧回路的功能是什么？如图 6-38 所示的锁紧回路（a）和（b），其关键元件分别是什么？两种回路相比，哪一种密封性能好？哪一种锁紧效果好？

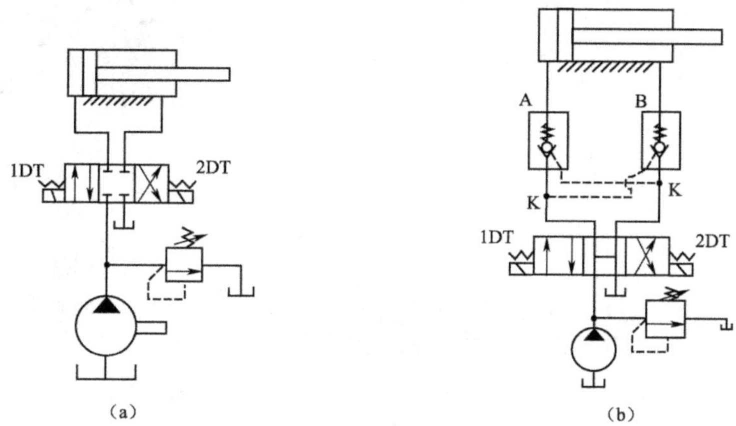

图 6-38　锁紧回路

（4）调压回路在液压系统中有何重要性？

（5）卸荷回路的作用是什么？常采用的卸荷方式有哪些？

（6）在液压系统中为什么要设置快速运动回路？实现执行元件快速运动的方法有哪些？

（7）如图 6-39 所示，液压缸无杆腔有效面积为 A_1=100cm^2，有杆腔的有效面积为 A_2=50cm^2，液压泵的额定流量为 10L/min，试确定：

① 若调速阀开口允许通过的流量为 6 L/min，活塞右移的速度是多少？其返回速度是多少？

② 若将调速阀串接在回油路上（其开口不变）时，活塞右移的速度多大？其返回速度有多大？

③ 若调速阀的最小稳定流量为 0.05 L/min，该液压缸能得到的最低速度是多少？

（8）如图 6-40 所示的回路，说明它属于哪一种基本回路并简要说明动作原理。

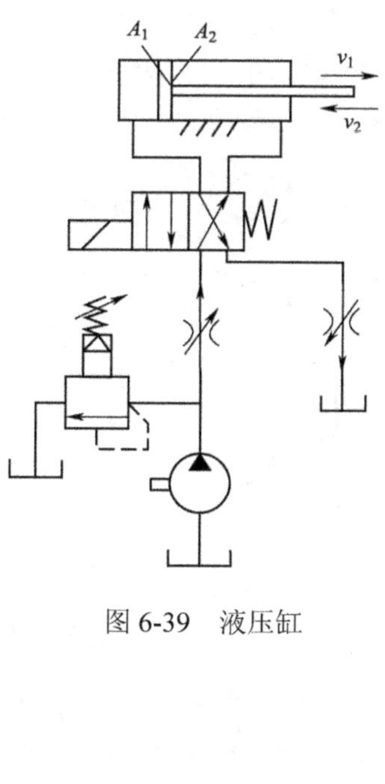

图 6-39　液压缸

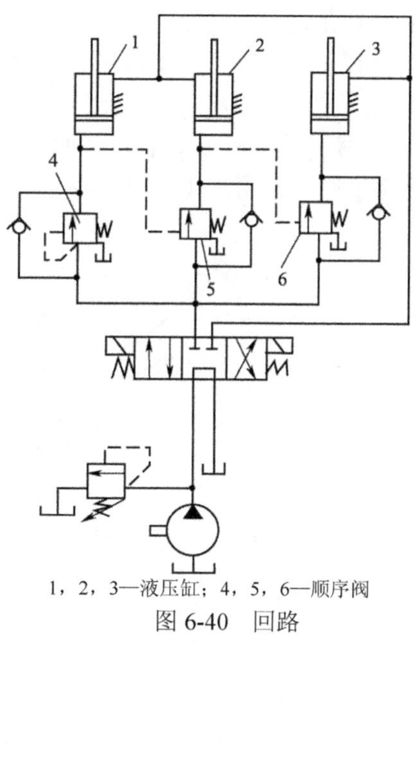

1，2，3—液压缸；4，5，6—顺序阀

图 6-40　回路

第7章

典型液压系统

随着机电技术的不断发展，特别是数控机床的飞速发展，机电设备的自动化程度和精度越来越高。液压技术在数控机床、数控加工中心及柔性制造系统中得到了广泛利用。

本章重点：

（1）分析机械手液压系统；

（2）分析液压技术在数控机床上的应用；

（3）学会分析液压系统的工作原理和特点。

7.1 机械手液压系统

机械手是模仿人的手部动作，按给定程序、轨迹和要求，实现自动抓取、搬运和操作的机械装置。它属于典型的机电一体化产品。在高温、高压、危险、易燃、易爆、放射性等恶劣环境，以及笨重、单调、频繁的操作中，它代替了人工工作，具有十分重要的意义。机械手广泛应用于机械加工、轻工业、交通运输、国防工业等各领域。

机械手驱动系统一般可采用液压、气动、机械，或电-液机联合等方式控制。

JS-1 型液压机械手外形图如图 7-1 所示。手臂回转由安装在底部的齿条液压缸 20 驱动，手臂上下用液压缸 27 驱动，手臂伸缩由液压缸 28 实现，手腕回转用齿条液压缸 19 带动，手指松夹工件由液压缸 18 实现。

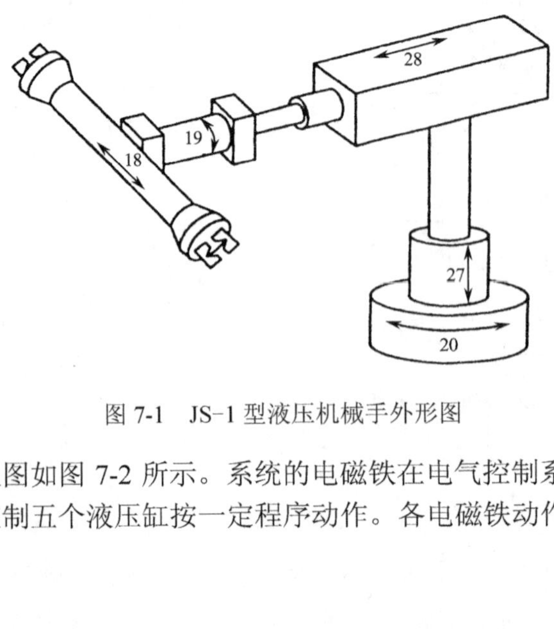

图 7-1　JS-1 型液压机械手外形图

该系统的工作原理图如图 7-2 所示。系统的电磁铁在电气控制系统的控制下，按一定的程序通、断电，从而控制五个液压缸按一定程序动作。各电磁铁动作顺序表见表 7-1。

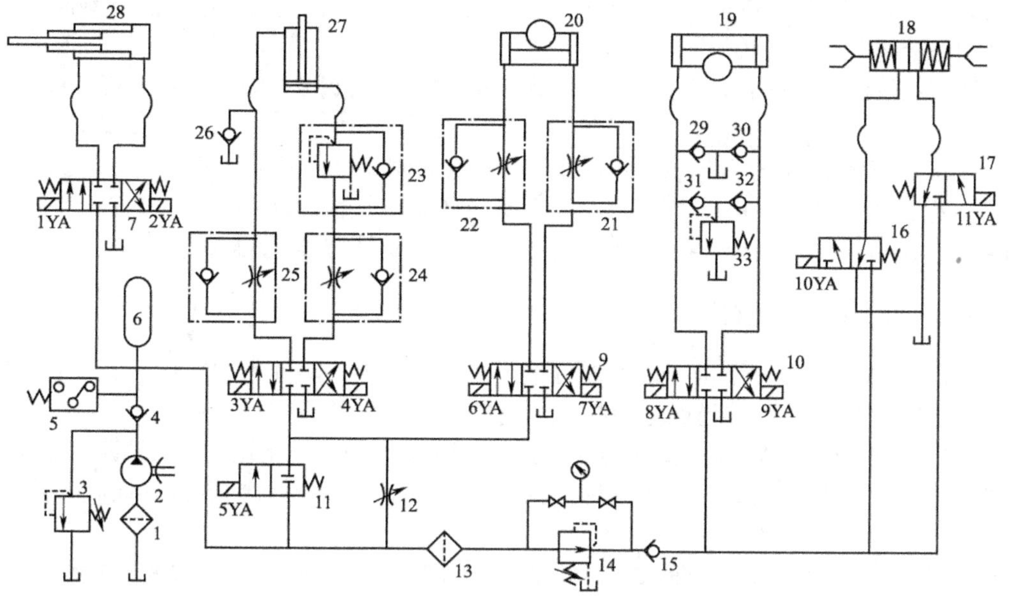

图 7-2　JS-1 型液压机械手液压系统的工作原理图

表 7-1　各电磁铁动作顺序表

机械手各部分动作	1YA	2YA	3YA	4YA	5YA	6YA	7YA	8YA	9YA	10YA	11YA
手臂顺转					±	−	+				
手臂逆转					±	+	−				
手臂上升			−	+	±						
手臂下降			+	−	±						
手臂伸出	−	+									
手臂缩回	+	−									
手腕顺转								+	−		
手腕逆转								−	+		
手指夹紧										−	−
手指松开										+	+

对机械手各部分动作具体分析如下。

7.1.1　手臂回转

电磁铁 5YA 通电时，换向阀 11 左位工作，手臂在齿条液压缸 20 驱动下可快速回转，电磁铁 6YA 和 7YA 的通、断电可控制手臂的回转方向。

（1）若 7YA 通电、6YA 断电，换向阀 9 右位接入系统，手臂顺时针快速转动。其油路分述如下。

① 进油路：过滤器 1→泵 2→单向阀 4→换向阀 11（右）→换向阀 9→阀 21 的单向阀→液压缸 20 右腔。

② 回油路：液压缸 20 左腔→阀 22 的节流阀→换向阀 9→油箱。

（2）若 7YA 通电，5YA、6YA 断电，换向阀 11、9 右位接入系统，手臂顺时针慢速转动。其油路分述如下。

进油路：过滤器 1→泵 2→单向阀 4→节流阀 12→换向阀 9→阀 21 的单向阀→液压缸 20 右腔。

回油路：液压缸 20 左腔→阀 22 的节流阀→换向阀 9→油箱。

（3）若 5YA、6YA 通电，7YA 断电，手臂实现逆时针快速转动。

（4）若 5YA、7YA 断电，6YA 通电，手臂实现逆时针慢速转动。

7.1.2 手臂上下运动

电磁铁 5YA 通电时，换向阀 11 左位接入系统，手臂在液压缸 27 的驱动下可快速上下运动，电磁铁 3YA、4YA 的通断电可控制手臂的上下运动的方向。

（1）电磁铁 5YA、3YA 通电，4YA 断电，手臂可实现快速向下运动。其油路分述如下。

进油路：过滤器 1→泵 2→单向阀 4→换向阀 11→换向阀 8→阀 25 的单向阀→液压缸 27 上腔。

回油路：液压缸 27 下腔→阀 23 的顺序阀→阀 24 的节流阀→换向阀 8→油箱。

（2）电磁铁 5YA、4YA 通电，3YA 断电，手臂可实现快速向上运动。

（3）电磁铁 5YA、4YA 断电，3YA 通电，手臂可实现慢速向下运动。

进油路：过滤器 1→泵 2→单向阀 4→节流阀 12→换向阀 8→阀 25 的单向阀→液压缸 27 上腔。

回油路：液压缸 27 下腔→阀 23 的顺序阀→阀 24 的节流阀→换向阀 8→油箱。

（4）电磁铁 5YA、4YA 通电，3YA 断电，手臂可实现慢速向上运动。

手臂快速运动速度由单向节流阀 24 和 26 调节，慢速运动速度由节流阀 12 调节。单向顺序阀 23 使液压缸下腔保持一定的背压，以便与重力负载相平衡，避免手臂在下行中因自重而超速下滑；单向阀 26 在手臂快速向下运动时，起到补充油液的作用。

7.1.3 手臂伸缩

（1）伸出：电磁铁 2YA 通电而 1YA 断电，换向阀 7 右位接入系统，手臂在液压缸 28 驱动下可快速伸出。其油路分述如下。

进油路：过滤器 1→泵 2→单向阀 4→换向阀 7→阀 21 的单向阀→液压缸 28 右腔。

回油路：液压缸 28 左腔→换向阀 7→油箱。

（2）缩回：电磁铁 1YA 通电而 2YA 断电，换向阀 7 左位接入系统，手臂在液压缸 28 驱动下可快速缩回。

7.1.4 手腕回转

电磁铁 8YA 通电而 9YA 断电，换向阀 10 左位接入系统，手腕在齿条液压缸 19 驱动下可顺时针快速回转。其油路分述如下。

进油路：过滤器 1→泵 2→单向阀 4→精过滤器 13→减压阀 14→单向阀 15→换向阀 10→液压缸 19 左腔。

回油路：液压缸 19 右腔→换向阀 10→油箱。

电磁铁 9YA 通电而 8YA 断电，换向阀 10 右位接入系统，手腕在齿条液压缸 19 驱动下可逆时针快速回转。

单向阀 29 和 30 在手腕快速回转时，可起到补充油液的作用；溢流阀 33 对手腕回转油路起安全保护作用。

7.1.5　手指夹紧与松开

电磁铁 10YA 和 11YA 断电时，手指在弹簧力的作用下处于夹紧工作状态；例如 10YA 通电，换向阀 16 左位接入系统，左手指松开。其油路分述如下。

进油路：过滤器 1→泵 2→单向阀 4→精过滤器 13→减压阀 14→单向阀 15→换向阀 16→液压缸 18 左腔。

回油路：液压缸 18 右腔→换向阀 17→油箱。

电磁铁 11YA 通电时，换向阀 17 右位接入系统，右手指松开。

JS-1 型机械手液压系统的特点是：蓄能器 6 与液压泵 2 共同向液压缸供油而起到增速作用，同时蓄能器还能缓冲吸振，使系统工作稳定可靠；减压阀 14 保证了手腕、手指油路有较低的稳定压力，使手腕、手指的动作灵活可靠；单向阀 15 可保证手腕、手指的运动不会因手臂快速运动而失控。

7.2　数控车床液压系统

MJ-50 数控车床卡盘的夹紧与松开、卡盘夹紧力的高低与转换、回转刀架的松开与夹紧、刀架刀盘的正转反转、尾座套筒的伸出与退回都是由液压系统驱动的，液压系统中各磁阀电磁铁的动作是由数控系统的 PC 控制实现的。

MJ-50 数控车床液压系统原理图如图 7-3 所示。机床的液压系统采用单向变量液压泵，系统压力调整至 4 MPa，由压力表 14 显示。在阅读和分析液压系统图时，可参阅表 7-2 的电磁铁动作顺序。

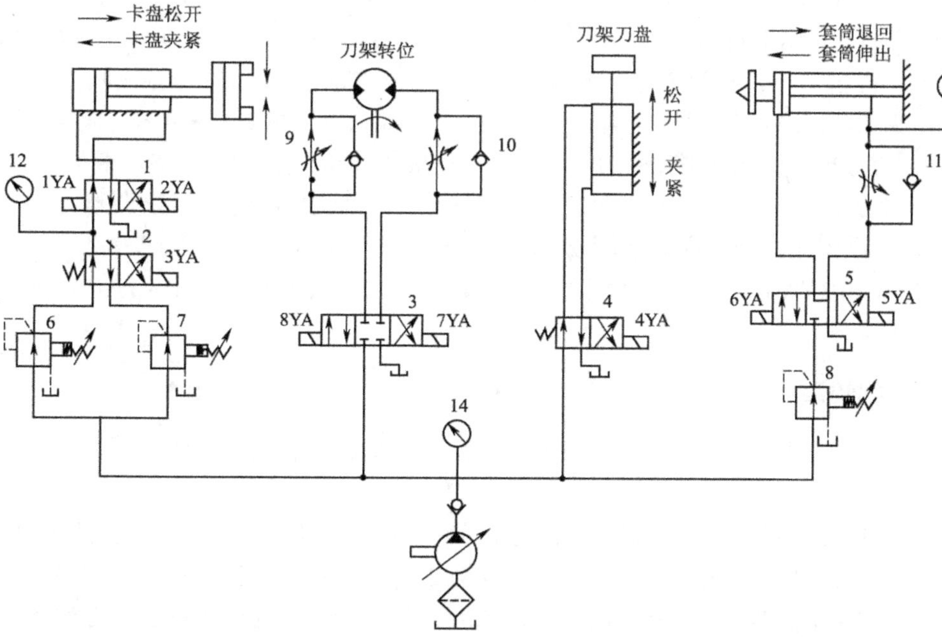

图 7-3　MJ-50 数控车床液压系统原理图

表 7-2　电磁铁动作顺序表

动作		电磁铁线圈号	1YA	2YA	3YA	4YA	5YA	6YA	7YA	8YA
卡盘正卡	高压	夹紧	+	−	−					
		松开	−	+	−					
	低压	夹紧	+	−	+					
		松开	−	+	+					
卡盘反卡	高压	夹紧	−	+	−					
		松开	+	−	−					
	低压	夹紧	−	+	+					
		松开	+	−	+					
回转刀架	刀架正转								−	+
	刀架反转								+	−
	刀盘松开					+				
	刀盘夹紧					−				
尾座	套筒伸出						−	+		
	套筒退回						+	−		

该系统的工作原理分析如下。

7.2.1　卡盘的夹紧与松开

主轴卡盘的夹紧与松开，由二位四通电磁阀 1 控制。卡盘的高压夹紧与低压夹紧的转换，由二位四通电磁阀 2 控制。

当卡盘处于正卡（也称外卡）且在高压夹紧状态下，夹紧力的大小由减压阀 6 来调整，由压力表 12 显示卡盘压力。当 3YA 断电、1YA 通电时，系统压力油经阀 6→阀 2（左位）→阀 1（左位）→液压缸右腔；液压缸左腔的油液经阀 1（左位）直接回油箱。活塞杆左移，卡盘夹紧。反之，当 2YA 通电时，系统压力油经阀 6→阀 2（左位）→阀 1（右位）→液压缸左腔；液压缸右腔的油液经阀 1（右位）直接回油箱。活塞杆右移，卡盘松开。

当卡盘处于正卡且在低压夹紧状态下，夹紧力的大小由减压阀 7 来调整。当 1YA 和 3YA 通电时，系统压力油经阀 7→阀 2（右位）→阀 1（左位）→液压缸右腔，卡盘夹紧。反之，当 2YA 和 3YA 通电时，系统压力油经阀 7→阀 2（右位）→阀 1（右位）→液压缸左腔，卡盘松开。

7.2.2　回转刀架动作

回转刀架换刀时，首先是刀盘松开，之后刀盘就达到指定的刀位，最后刀盘复位夹紧。

刀盘的夹紧与松开，由一个二位四通电磁阀 4 控制。刀盘的旋转有正转和反转两个方向，它由一个三位四通电磁阀 3 控制，其旋转速度分别由单向调速阀 9 和 10 控制。

当 4YA 通电时，阀 4 右位工作，刀盘松开；当 8YA 通电时，系统压力油经阀 3（左位）→调速阀 9→液压马达，刀架正转。当 7YA 通电时，系统压力油经阀 3（左位）→调速阀 9→液压马达，则刀架反转；当 4YA 断电时，阀 4 左位工作，刀盘夹紧。

7.2.3 尾座套筒的伸缩动作

尾座套筒的伸缩与退回由一个三位四通电磁阀 5 控制。

当 6YA 通电时，系统压力油经减压阀 8→电磁阀 5（左位）到液压缸左腔；液压缸右腔油液经油液单向调速阀 11→阀 5（左位）回油箱，套筒伸出。套筒伸出工作时的预紧力大小通过减压阀 8 来调整，并由压力表 13 显示，伸出速度由调速阀 11 控制。反之，当 5YA 通电时，系统压力油经减压阀 8→电磁阀 5（右位）→阀 11→液压缸右腔，套筒退回。这时液压缸左腔的油液经电磁阀 5（右位）直接回油箱。

7.3 液压系统常见故障及其排除方法

液压系统常见故障及其排除方法见表 7-3。

表 7-3 液压系统常见故障及其排除方法

故障现象	产生原因	排除方法
系统无压力或压力不足	（1）溢流阀开启，由于阀芯被卡住，不能关闭，阻尼孔堵塞，阀芯与阀座配合不好或弹簧失效	（1）修研阀芯壳体，清洗阻尼孔，更换弹簧
	（2）其他控制阀阀芯由于故障卡住，引起卸荷	（2）找出故障部位，清洗或修研，使阀芯在阀体内运动灵活
	（3）液压元件磨损严重，或密封损坏，造成内、外泄漏	（3）检查泵、阀及管路各连接处的密封性，修理或更换零件和密封
	（4）液压过低，吸油堵塞或油温过高	（4）加油，清洗吸油管或冷却系统
	（5）泵转向错误，转速过低或动力不足	（5）检查动力源
流量不足	（1）油箱液位过低，油液黏度大，过滤器堵塞引起吸油阻力大	（1）检查液位，补油，更换黏度适宜的液压油，保证吸油通畅
	（2）液压泵转向错误，转速过低或空转磨损严重，性能下降	（2）检查原动机、液压泵及液压泵变量机构，必要时换泵
	（3）回油管在液位以上，空气进入	（3）检查管路连接及密封是否正确可靠
	（4）蓄能器漏气，压力及流量供应不足	（4）检查蓄能器性能与压力
	（5）其他液压元件及密封件损坏引起泄漏	（5）修理或更换
	（6）控制阀动作不灵活	（6）调整或更换
泄漏	（1）管接头松动，密封损坏	（1）拧紧接头，更换密封
	（2）板式连接或法兰连接结合面螺钉预紧力不够或密封损坏	（2）预紧力应大于液压力，更换密封
	（3）系统压力长时间大于液压元件或辅件额定工作压力	（3）元件壳体内压力不应大于油封许用压力，更换密封
	（4）油箱内安装水冷式冷却器，如果油位高，则水漏入油中，如果油位低，则油漏入水中	（4）拆修
过热	（1）冷却器通过能力小或出现故障	（1）排除故障或更换冷却器
	（2）液位过低或黏度不适合	（2）加油或换黏度合适的油液
	（3）油箱容量小或散热性差	（3）增大油箱容量，增设冷却装置
	（4）压力调整不当，长期在高压下工作	（4）调整溢流阀压力至规定值，必要时改进回路

续表

故障现象	产生原因	排除方法
过热	（5）油管过细过长，弯曲太多造成压力损失增大，引起发热	（5）改变油管规格及油管路
	（6）系统中由于泄漏、机械摩檫造成功率损失过大	（6）检查泄漏，改善密封，提高运动部件加工精度、装配精度和润滑条件
	（7）环境温度高	（7）尽量减少环境温度对系统的影响
振动	（1）液压泵：吸入空气，安装位置过高，吸油阻力大，齿轮齿形精度不够，叶片卡死断裂，柱塞卡死移动不灵活，零件磨损使间隙过大	（1）更换进油口密封，吸油口管口至泵吸油口高度要小于 500mm，保证吸油管直径足够大，修复或更换损坏零件
	（2）液压油：液位太低，吸油管插入液面深度不够，油液黏度太大，过滤器阻塞	（2）加油，吸油管加长，浸到规定深度，更换合适黏度液压油，清洗过滤器
	（3）溢流阀：阀芯与阀座配合间隙过大，弹簧失效	（3）清洗阻塞孔，修配阀芯与阀座间隙，更换弹簧
	（4）其他阀芯移动不灵活	（4）清洗，去毛刺
	（5）管道：管道细长，没有固定装置，互相碰击，吸油管与回油管太近	（5）增设固定装置，扩大管道间距离及吸油管和回油管距离
	（6）电磁铁：电磁铁焊接不良，弹簧过硬或损坏，阀心在阀体内卡住	（6）重新焊接，更换弹簧，清洗及研配阀心和阀体
	（7）机械：液压泵与电动机联轴器不同心或松动，运动部件停止时有冲击，换向缺少阻尼，电动机振动	（7）保持泵轴与电动机轴同心度不大于 0.1mm，采用弹性联轴器，紧固螺钉，设阻塞或缓冲装置，对电动机做平衡处理
冲击	（1）蓄能器冲气压力不够	（1）给蓄能器充气
	（2）工作压力过高	（2）调整压力呈规定值
	（3）先导阀、换向阀制动不灵及节流缓冲慢	（3）减少制动锥的斜角或增加制动锥的长度，修复溢流缓冲装置
	（4）液压缸端部没有缓冲装置	（4）增设缓冲装置或背压阀
	（5）溢流阀故障使压力突然升高	（5）修理或更换溢流阀
	（6）系统中有大量空气	（6）排除空气

7.4 操作训练

7.4.1 训练项目

数控机床液压系统的操作和故障分析。

7.4.2 训练目的

通过对数控机床进行操作，熟悉其液压传动系统的功能和相关的动作操作，能分析液压系统的工作原理图，学会分析故障产生的原因。

7.5　液压传动系统的其他应用实例

7.5.1　组合机床动力滑台液压系统

组合机床是一种工序集中、效率较高的专业机床。因其具有加工能力强、自动化程度高、经济性好等优点，而被广泛用于产品批量较大的生产流水线中，如汽车制造厂的汽缸生产线、机床厂的齿轮箱生产线等。组合机床一般由动力滑台、动力头和部分专用部件组成，动力滑台是组合机床上实现进给运动的关键部件，只要配以不同用途的主轴头，即可实现钻、扩、铰、镗、铣、刮端面、倒角及攻螺纹等加工。动力滑台有机械滑台、液压滑台之分。液压动力滑台对液压系统性能的主要要求是速度换接平稳，进给速度稳定，功率利用合理，效率高，发热少。

下面介绍 YT4543 型液压动力滑台液压系统的工作原理和特点。该动力滑台要求进给速度范围为 6.6～600mm/min，最大进给力 4.5×10^4N。

YT4543 型动力滑台的液压系统原理图如图 7-4 所示。它能实现的工作循环为：快进→

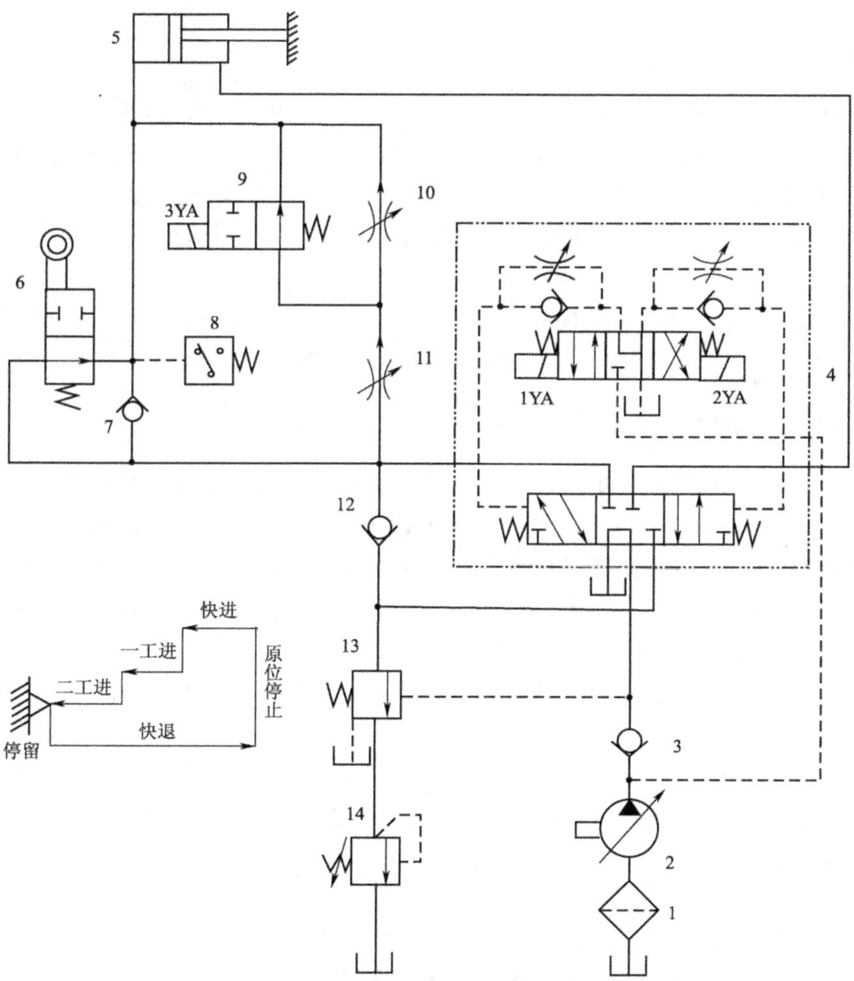

1—过滤器；2—变量泵；3—单向阀；4—电液换向阀；5—液压缸；6—行程阀；7，12—单向阀；8—压力继电器；9—换向阀；10，11—调速阀；13—液控顺序阀；14—背压阀

图 7-4　YT4543 型动力滑台液压系统原理图

第一次工作进给→第二次工作进给→停留→快退→原位停止。系统中各电磁铁及行程阀动作见表 7-4。

表 7-4　电磁铁动作顺序表及行程阀动作

液压缸工作循环	信号来源	电磁铁			行程阀 11
		1YA	2YA	3YA	
快进	启动按钮	+	−	−	−
一工进	挡块压下行程阀 8	+	−	−	+
二工进	挡块压下行程开关	+	−	+	+
停留	止挡铁、压力继电器	+	−	+	+
快退	时间继电器	−	+	−	±
原位停止	挡块压下终点开关	−	−	−	−

YT4543 型动力滑台液压系统的工作原理分析如下。

1．快进

按下启动按钮，电磁铁 1YA 得电，电液动换向阀 4 的先导阀阀芯向右移动从而引起主阀芯向右移，使其左位接入系统，因快进时负载较小，变量泵 2 输出最大流量，且顺序阀 13 因系统压力较低处于关闭状态，此时油液经换向阀、行程阀 6 进入液压缸左腔，液压缸右腔油液换向阀、单向阀 12、行程阀 6 也进入液压缸左腔，此时液压缸两腔连通，形成差动连接，实现缸的快速进给。其油路分述如下。

进油路：泵 2→单向阀 3→换向阀 4（左位）→行程阀 6（下位）→液压缸左腔。

回油路：液压缸右腔→换向阀 4（左位）→单向阀 12→行程阀 6（下位）→液压缸左腔。

2．第一次工作进给

当滑台快速运动到预定位置时，滑台上的行程挡块压下了行程阀 6 的阀芯，切断了该通道，使压力油须经调速阀 11 进入液压缸的左腔。由于油液流经调速阀，系统压力上升，打开液控顺序阀 13，此时单向阀 12 的上部压力大于下部压力，所以单向阀 12 关闭，切断了液压缸的差动回路，回油经液控顺序阀 13 和背压阀 14 流回油箱，使滑台转换为第一次工作进给。其油路分述如下。

进油路：泵 2→单向阀 3→换向阀 4（左位）→调速阀 11→换向阀 9（右位）→液压缸左腔。

回油路：液压缸右腔→换向阀 4（左位）→顺序阀 13→背压阀 14→油箱。

因为工作进给时，系统压力升高，所以变量泵 2 的输油量便自动减小，以适应工作进给的需要，液压缸在调速阀 11 控制下实现第一次工作进给。

3．第二次工作进给

第一次工进结束后，行程挡块压下行程开关使 3YA 通电，二位二通换向阀 9 将通路切断，进油必须经调速阀 11、10 才能进入液压缸，此时由于调速阀 10 的开口量小于阀 11，液压缸在调速阀 10 的作用下实现第二次工作进给。其他油路情况同与一工进相同。

4. 停留

当滑台工作进给完毕之后，碰上止挡块，滑台不再前进，停留在止挡块处。此时，各油路状态不变，变量液压泵2继续运转，使系统压力不断升高，同时泵输出量减小至与系统的泄漏量相适应。当液压缸左腔的压力升至压力继电器8调定值时，压力继电器动作并发信号给时间继电器，滑台经时间继电器延时，再发出信号使滑台返回，滑台的停留时间由时间继电器调节。

5. 快退

时间继电器经延时发出信号，电磁铁2YA通电，1YA、3YA断电，其油路分述如下。

进油路：泵2→单向阀3→换向阀4（右位）→液压缸右腔。

回油路：液压缸左腔→单向阀7→换向阀4（右位）→油箱。

此时滑台无外负载，系统压力下降，限压式变量液压泵 2 的流量又自动增至最大，滑台实现快速退回。当滑台快速退回到第一次工进起点时，行程阀6复位。

6. 原位停止

当动力滑台快速退回到原位时，挡块压下行程开关，发出信号，使电磁铁 2YA 和 3YA 都断电，此时电液换向阀4的先导阀处于中位，故主阀也处于中位，由于电液换向阀的中位具有锁紧功能，所以液压缸两腔封闭，滑台停止运动。同时变量泵卸荷，油液经单向阀 3、换向阀4回油箱。

由以上工作情况分析可知，此液压系统按其功能可以分解成一些基本回路：由限压式变量液压泵、调速阀和背压阀组成的容积节流加背压的调速回路；液压缸差动连接的快速回路；电液换向阀的换向回路；由行程阀、电磁换向阀和顺序阀等组成的速度换接回路；调速阀串联的两次工进回路以及用电液换向阀 M 型中位机能的卸荷回路等。这些基本回路决定了该液压系统的性能。

YT4543 型动力滑台的液压系统具有以下一些特点：（1）系统采用了限压式变量叶片泵-调速阀-背压阀式的调速回路，能保证稳定的低速运动(进给速度最小可达 6.6mm/min)、较好的速度刚性和较大的调速范围。（2）系统采用了限压式变量泵和差动连接式液压缸来实现快进，能源利用比较合理。滑台停止运动时，换向阀使液压泵在低压下卸荷，既减少了能量损耗，又使控制油路保持一定的压力，以保证下一工作循环的顺利起动。（3）系统采用了行程阀和顺序阀实现快进与工进的换接，不仅简化了电气回路，而且使动作可靠，换接精度亦比电气控制高。两次工进速度的转换，由于速度比较低，采用了由电磁阀切换的调速阀串联的回路，既保证了必要的转换精度，又使油路的布局比较简单、灵活。采用死挡块作限位装置，定位准确，位置精度高。

7.5.2 液压压力机液压系统

液压压力机是一种用静压力来加工金属、塑料、橡胶、粉末制品的机械，在许多工业部门得到了广泛应用。压力机的类型很多，其中四柱式液压压力机最为典型，应用也最为广泛。这种液压压力机在它的四个主柱之间安置着上、下两个液压缸。

YB32-200 型液压压力机液压系统图如图 7-5 所示。为完成一般的压制工艺，系统要求主缸（上液压缸）驱动上滑块能实现“快速下行→慢速加压→保压延时→快速返回→原位停止”的工作循环；要求顶出缸（下液压缸）驱动下滑块实现“向上顶出→停留→向下退回→原位停止”的动作循环。

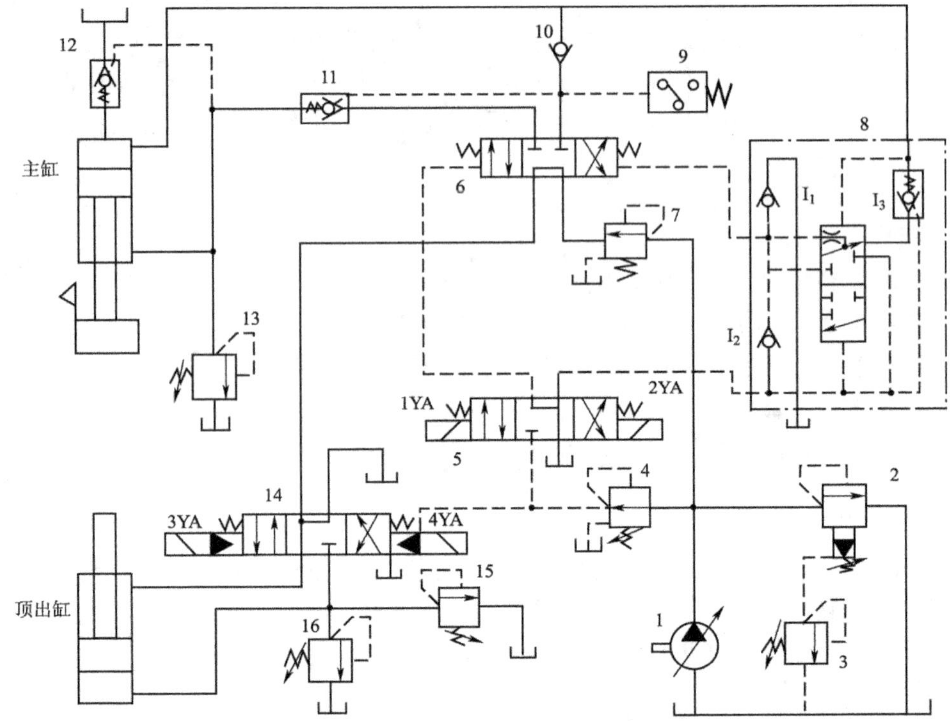

1—变量泵；2—先导式溢流阀；3—远程调压阀；4—减压阀；5—电磁换向阀；6—液控换向阀；7—顺序阀；8—释压换向阀组；9—压力继电器；10—单向阀；11，12—液控单向阀；13—安全阀；14—电液换向阀；15—溢流阀；16—安全阀

图 7-5　YB32-200 型液压压力机液压系统图

该系统由一高压泵供油，控制油路的压力油是经主油路由减压阀 4 减压后所得到。液压机的上滑块的工作情况分析如下。

1. 快速下行

电磁铁 1YA 通电，作先导阀用的换向阀 5 和上缸主换向阀（液控）6 左位接入系统，液控单向阀 11 被打开，这时系统中油液进入主液压缸上腔，因上滑块在自重作用下迅速下降，而液压泵的流量较小，所以液压机顶部充筒中的油液经液控单向阀 12 也流入主液压缸上腔。其油路分述如下。

进油路：泵1→阀7→换向阀6（左位）→阀10 ｝→主缸上腔。
　　　　　　　　　　　　　　充液筒→阀2 ｝

回油路：主缸下腔→阀 11→换向阀 6（左位）→换向阀 14（中位）→油箱。

2. 慢速加压

上滑块在运行中接触到工件，这时主缸上腔压力升高，液控单向阀 12 关闭，加压速度便由液压泵的流量来决定，主油路的油液流动情况与快速下行时相同。

3. 保压延时

保压延时是当系统中压力升高到使压力续电器 9 起作用，电磁铁 1YA 断电，先导阀 5

和主缸换向阀 6 都处于中位时出现的，保压时间由时间继电器控制，可在 0～24min 内调节。保压时除了液压泵在较低压力下卸荷外，系统中没有油液流动。其卸荷油路如下。

泵 1→阀 7→换向阀 6（中位）→换向阀 14（中位）→油箱。

4. 快速返回

保压时间结束后，时间继电器发出信号，使电磁铁 2YA 通电。但为了防止保压状态向快速返回状态转变过快，在系统中引起压力冲击并使上滑块动作不平稳而设置了释压换向阀组 8，它的功能就是在 2YA 通电后，其控制压力油必须在主缸上腔卸压后，才能进入主换向阀右腔，使主换向阀 6 换向。释压换向阀 8 的工作原理是：在保压阶段，这个阀以上位接入系统，当电磁铁 2YA 通电，先导阀右位接入系统时，控制油路中的压力油虽到达换向阀组 8 阀芯的下端，但由于其上端的高压油未曾释放，阀芯不动。但是，由于液控单向阀 I_3 可以在控制压力低于其主油路压力下打开，油路为：

主缸上腔→液控单向阀 I_3→预泄换向阀组 8（上位）→油箱。

于是主缸上腔的油液压力被卸除，释压换向阀组 8 的阀芯在控制压力油作用下向上移动，以其下位接入系统，它一方面切断主缸上腔通向油箱的通道，一方面使控制油路中的压力油输到换向阀 6 阀芯的右端，使该阀右位接入系统。这时，液控单向阀 11 被打开，油液流动情况如下。

进油路：泵 1→阀 7→换向阀 6（右位）→阀 11→主缸下腔。

回油路：主缸上腔→阀 12→充液筒。

上滑块快速返回，从回油路进入充液筒中的油液，若超过预定位置时，可从充液筒中的溢流管中流回油箱。由图 7-5 可知，换向阀 6 在由左位切换到中位时，阀芯右端由油箱经单向阀 I_1 补油；在由右位切换到中位时，阀芯右端的油经单向阀 I_2 流向油箱。

5. 原位停止

上滑块上升至预定高度，挡块压下行程开关，电磁铁 2YA 失电，先导阀和换向阀 6 均处于中位，这时主缸停止运动，液压泵在较低压力下卸荷，由于阀 11 和安全阀 13 的支承作用，上滑块悬空停止。

6. 液压压力机下滑块“向上顶出→停留→向下退回→原位停止”的动作循环

下滑块向上顶出时，电磁铁 4YA 通电，其油路分述如下。

进油路：泵 1→阀 7→阀 6（中位）→换向阀 14（右位）→顶出缸下腔。

回油路：顶出缸下腔→换向阀 14（右位）→油箱。

下滑块向上移动至顶出缸下腔中活塞碰上缸盖时，便停留在这个位置上。

当电磁铁 4YA 断电、3YA 通电，顶出缸向下退回，其油路分述如下。

进油路：泵 1→阀 7→阀 6（中位）→换向阀 14（左位）→顶出缸下腔。

回油路：顶出缸下腔→换向阀 14（右位）→油箱。

当电磁铁 3YA、4YA 均失电，换向阀 14 处于中位时，顶出缸原位停止。系统中阀 16 为安全阀，阀 15 为溢流阀，由它可以调整顶出压力。

该液压机完成上述动作的电磁铁动作见表 7-5。

YB32-200 型液压压力机液压系统具有以下一些特点：（1）系统中使用一个轴向柱塞式高压变量泵，满足液压系统中的压力能经常变换和调节的要求，系统工作压力由远程调压阀

3 调定。由充液筒和泵一起供油来满足上滑块快速下行要求，减少了泵的流量，使功率利用更为合理。（2）系统中的顺序阀 7 调整压力为 2.5MPa，从而保证了液压泵的卸荷压力不致太低，也使控制油路具有一定的工作压力（>2.0MPa）。（3）系统中采用了专用的释压换向阀组 8 来实现上滑块快速返回前的卸压，保证动作平稳，防止换向时的液压冲击和噪音。（4）系统利用管道和油液的弹性变形来保压，方法简单，但对液控换向阀和液压缸等元件密封性能要求较高。（5）系统中上、下两缸的动作协调由两换向阀 6 和 14 的互锁来保证，一个缸必须在另一个缸静止时才能动作。但是，在拉深操作中，为了实现"压边"这个工步，上液压缸活塞必须推着下液压缸活塞移动，这时上液压缸下腔的液压油进入下液压缸的上腔，而下液压缸下腔中的液压油则经下缸溢流阀排回油箱，这时两缸虽同时动作，但不存在动作不协调的问题。（6）系统中的两个液压缸各有一个安全阀进行过载保护。

表 7-5　YB32-200 型液压压力机液压系统的动作循环表

动作名称		信号来源	电磁铁工作状态				液压元件工作状态			
			1YA	2YA	3YA	4YA	先导阀 5	阀 6	阀 14	阀 8
上滑块	快速下行	启动按钮 1YA 通电	+	−	−	−	左位	左位	中位	上位
	慢速加压	上滑块接触工件	+	−	−	−	左位	左位	中位	上位
	保压延时	压力继电器	−	−	−	−	中位	中位	中位	上位
	释压换向	时间继电器	−	+	−	−	右位	中位	中位	下位
	快速返回		−	+	−	−	右位	右位	中位	上位
	原位停止	上滑块压行程开关	−	−	−	−	中位	中位	中位	上位
下滑块	向上顶出	启动按钮 4YA 通电	−	−	−	+	中位	中位	右位	上位
	停留	下活塞触及液压缸盖	−	−	−	+	中位	中位	右位	上位
	向下退回	启动按钮 3YA 通电	−	−	+	−	中位	中位	左位	上位
	原位停止	3YA 断电	−	−	−	−	中位	中位	中位	上位

习题 7

（1）如图 7-2 所示的机械手液压系统有哪些液压基本回路？有何特点？

（2）试说明如图 7-2 所示的数控车床液压系统中电磁阀 1 和 2 的作用。

（3）分析 YT4543 型动力滑台液压系统，试说明：

① 组成该系统的基本回路；

② 压力继电器 8、液控顺序阀 13、溢流阀 14 的作用。

③ YT4543 型动力滑台液压系统的特点。

（4）分析 YB32-200 型四柱液压压力机的液压系统，试说明：

① 组成该系统的基本回路；

② 减压阀 4、顺序阀 7、压力继电器 9、液控单向阀 11、顺序阀 13 的作用；

③ 电液换向阀 6 和 11 的中位滑阀机能。

（5）分析图 7-6 所示某组合机床液压系统，试解答：

① 写出图中注有序号 7、8、12、18 的液压元件的名称；

② 写出电磁铁的动作顺序表；

③ 该液压回路的功能；

④ 快进时系统的进回油路；

⑤ 若系统工作时，缸 14 和缸 15 的最高工作压力分别为 p_A、p_B，溢流阀的调定压力值为 p_Y，则 p_A、p_B、p_Y 的关系如何？

动作 \ 电磁	1YA	2YA	3YA	4YA	5YA
夹紧					
快进					
一工进					
二工进					
快退					
松开					
停止					

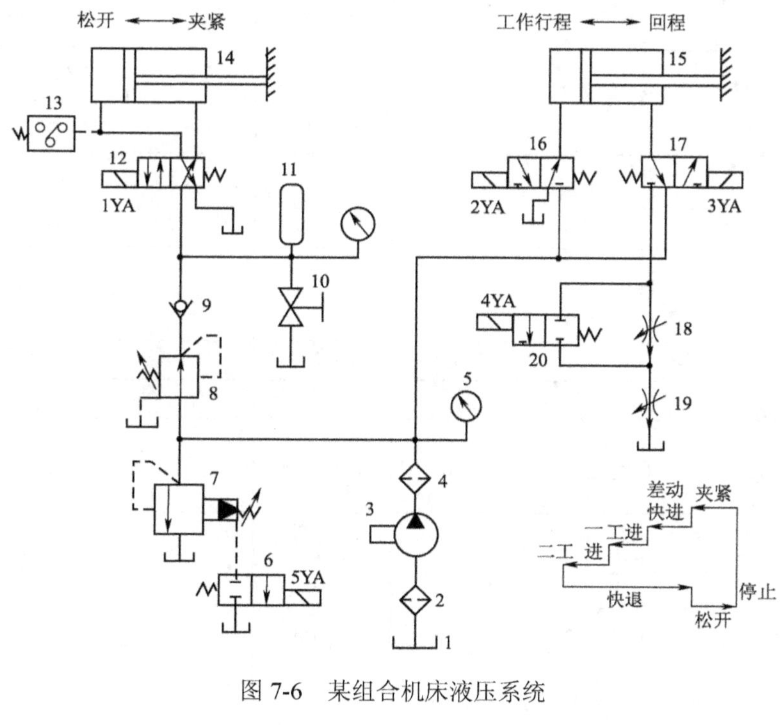

图 7-6　某组合机床液压系统

附录　常用液压与气动图形符号

（摘自 GB/T 786.1—2009）

（一）基本符号、管路及连接			
名　称	符　号	名　称	符　号
工作管路		直接排气口	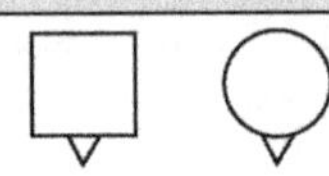
控制管路		带连接排气口	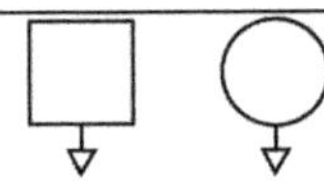
连接管路	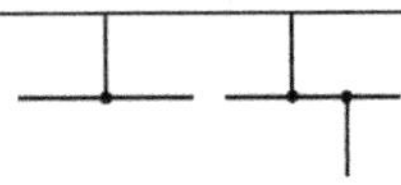	单通路旋转接头	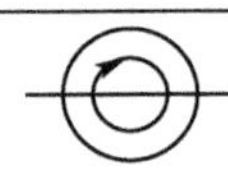
交叉管路	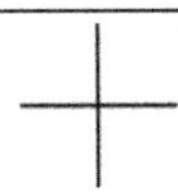	带单向阀快换接头	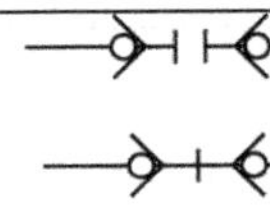
柔性管路		不带单向阀快换接头	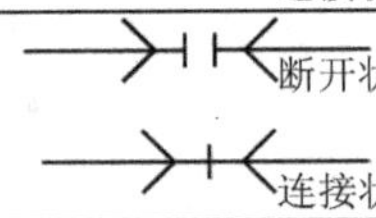
气压源	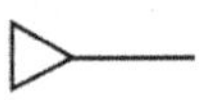	电动机	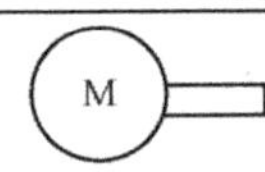
液压源		原动机	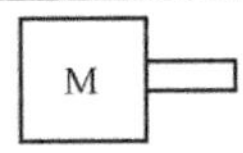
（二）控制方法			
名　称	符　号	名　称	符　号
推压控制	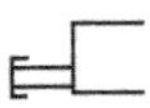	滚轮控制	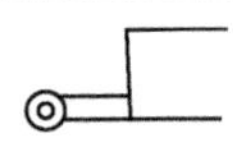
手柄控制	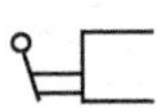	气压先导控制	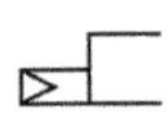
踏板控制	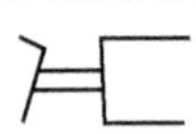	单作用电磁控制	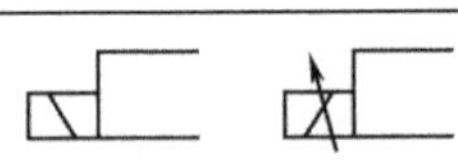
单向滚轮控制	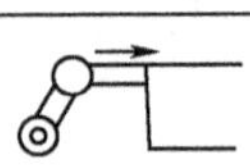	双作用电磁控制	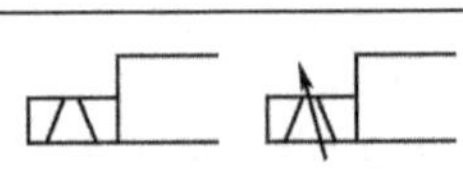
顶杆控制	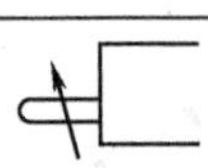	液压控制	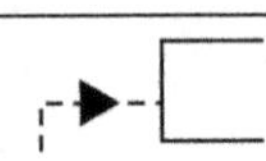

续表

名　称	符　号	名　称	符　号
弹簧控制		气压控制	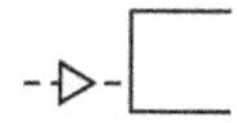
液压先导控制	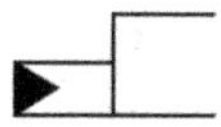	液压先导泄压控制	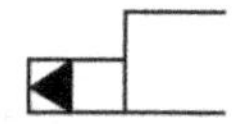
步进电机控制	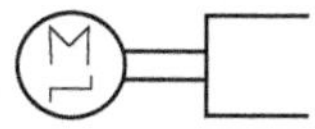	差动控制	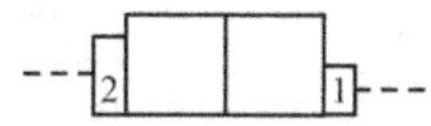

（三）泵、马达和缸

名　称	符　号	名　称	符　号
单向定量液压泵	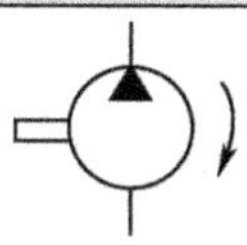	单向变量马达	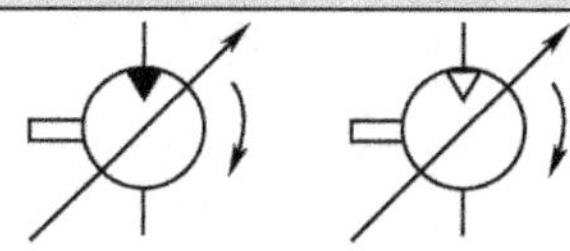
双向定量液压泵	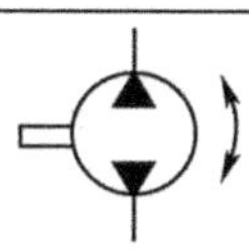	双向变量马达	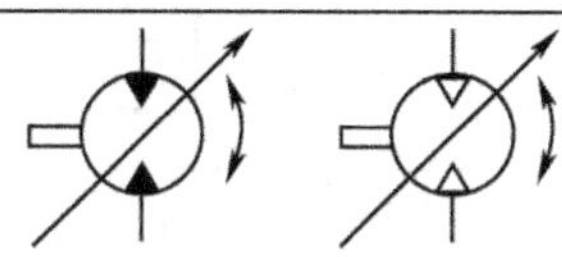
单向定量马达	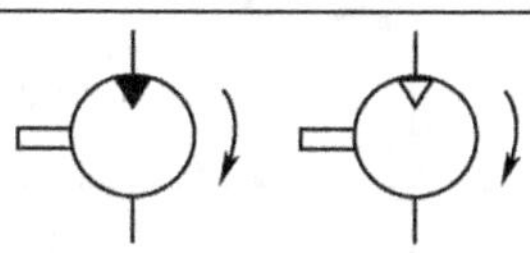	摆动马达	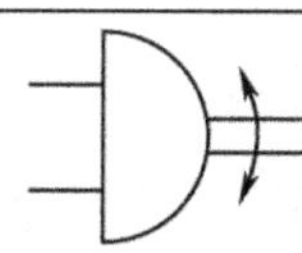
双向定量马达	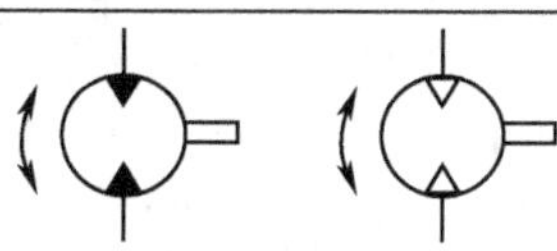	单作用弹簧复位缸	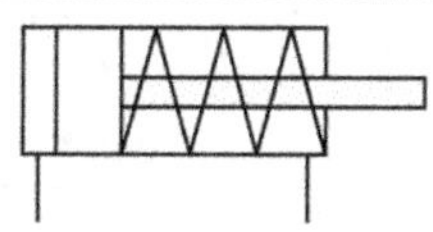
单向变量液压泵	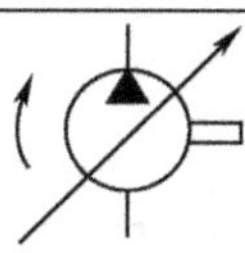	不可调单向缓冲缸	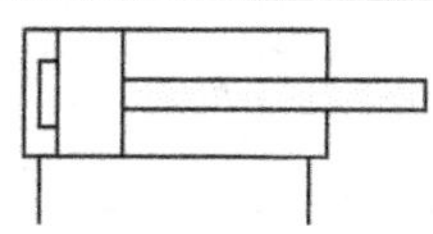
双向变量液压泵	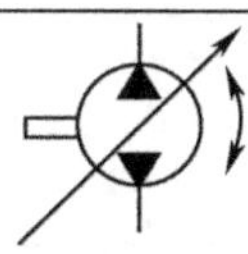	可调双向缓冲缸	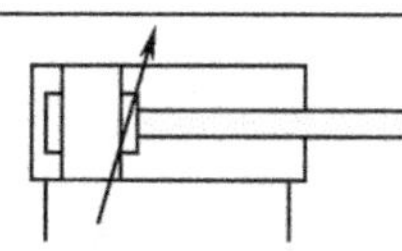
双作用单活塞杆缸	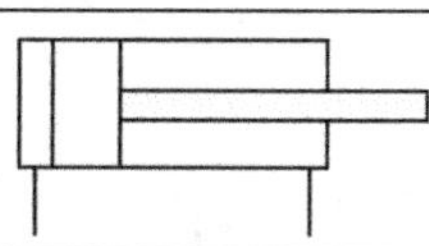	气-液转换器	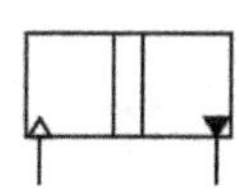
双作用双活塞杆缸	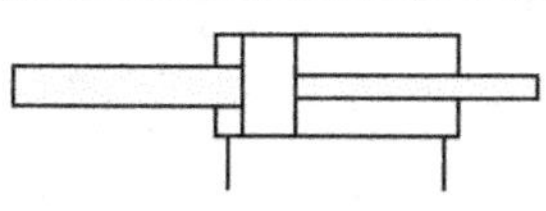	增压器	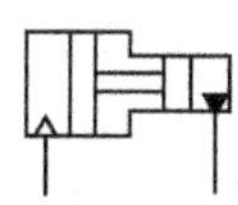

（四）控制元件

名　称	符　号	名　称	符　号
直动型溢流阀	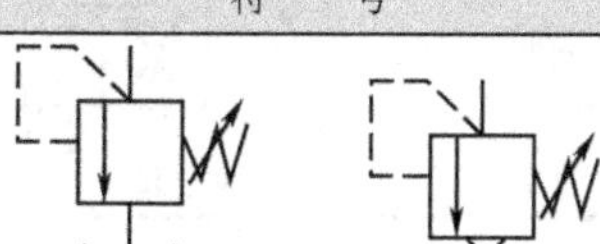	直动型顺序阀	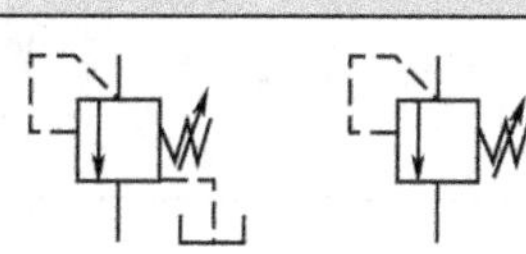

续表

名　称	符　号	名　称	符　号
先导型溢流阀	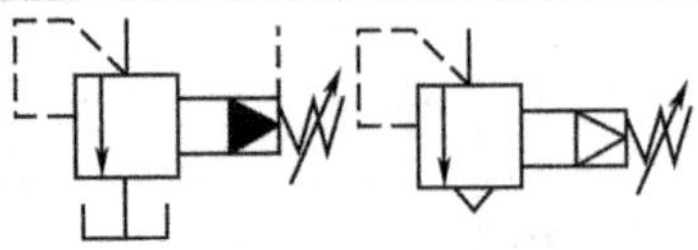	先导型顺序阀	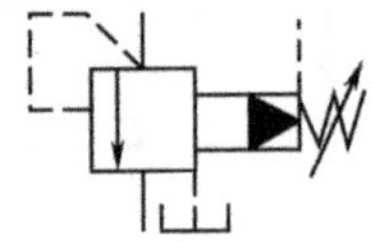
直动型减压阀	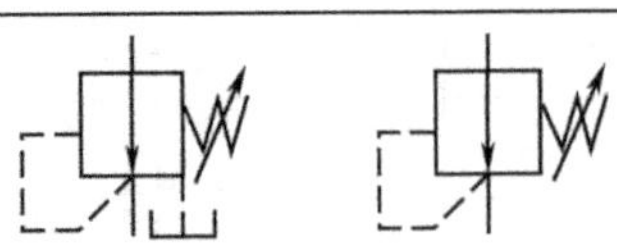	直动卸荷阀	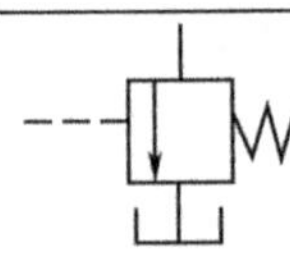
先导型减压阀	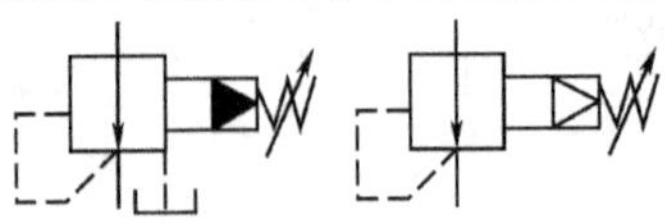	可调节流阀	
溢流减压阀	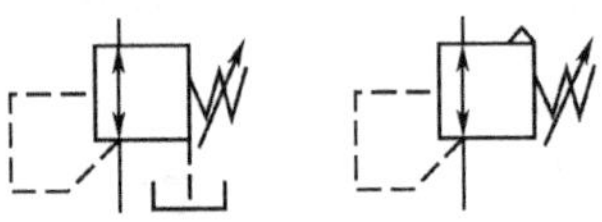	不可调节流阀	
先导型比例电磁溢流阀	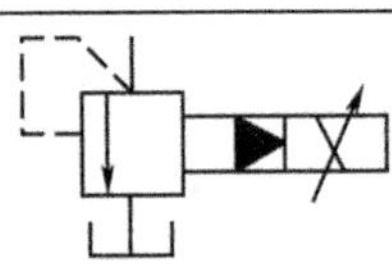	二位二通换向阀	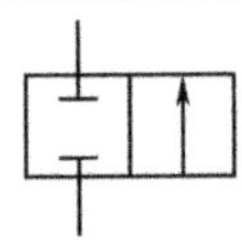
双向溢流阀	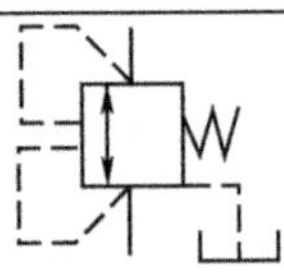	二位三通换向阀	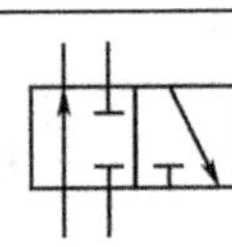
带消声器的节流阀	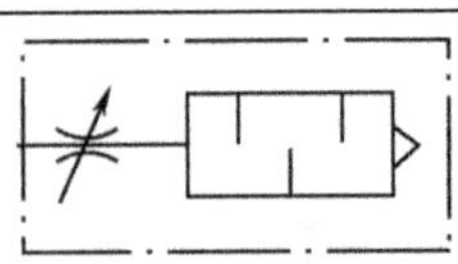	二位四通换向阀	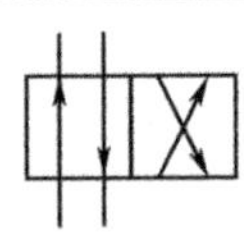
调速阀		二位五通换向阀	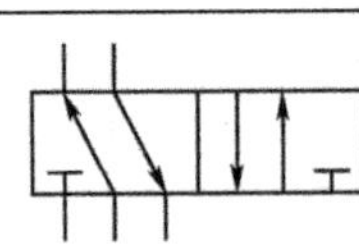
温度补偿调速阀	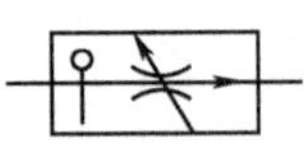	分流阀	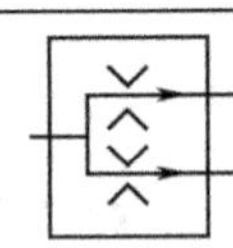
定差减压阀	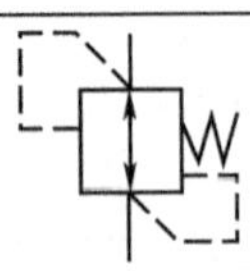	单向阀	
液控单向阀	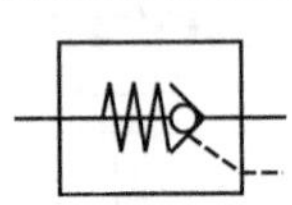	三位四通换向阀	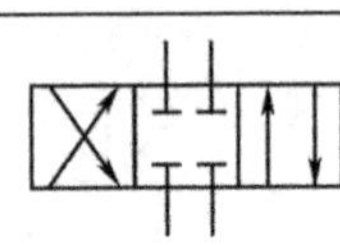

续表

名　称	符　号	名　称	符　号
或门型梭阀	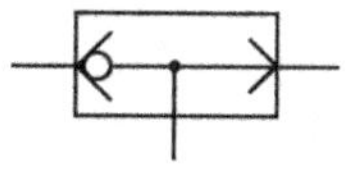	三位五通换向阀	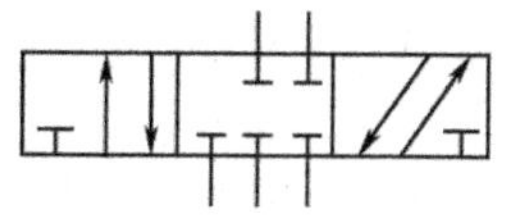
与门型梭阀	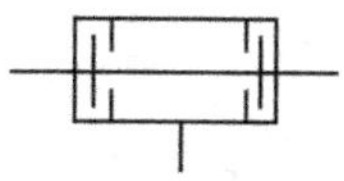	三位六通换向阀	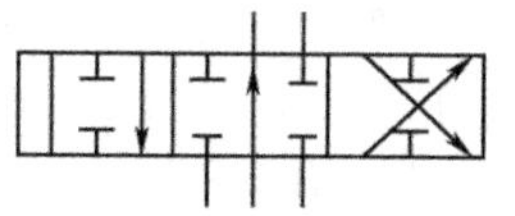
快速排气阀	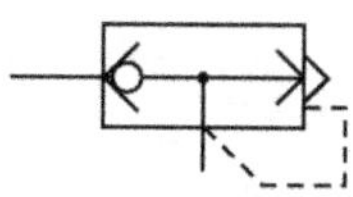	四通电-液伺服阀	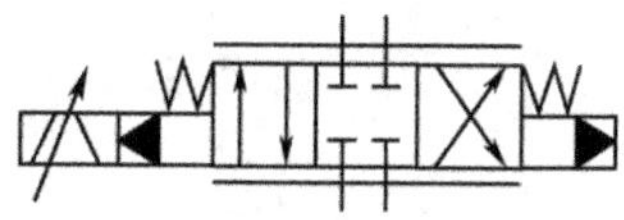

（五）辅助元件

名　称	符　号	名　称	符　号
过滤器	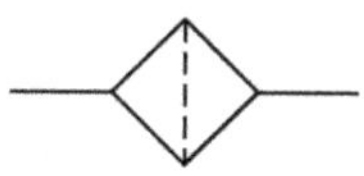	空气干燥器	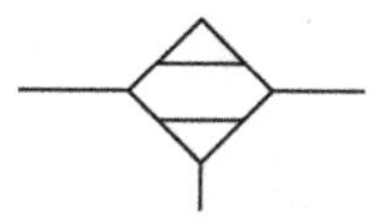
污染指示过滤器	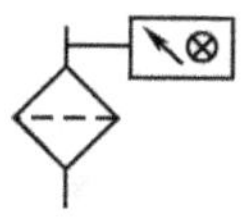	油雾器	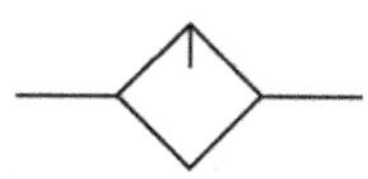
排水器	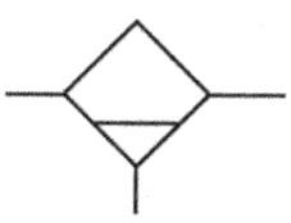 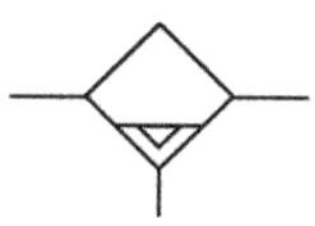	冷却器	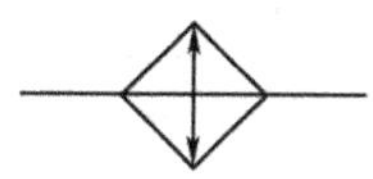
空气过滤器	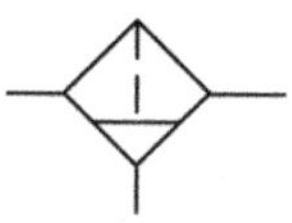 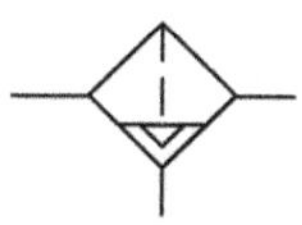	液体冷却的冷却器	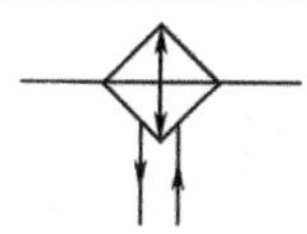
蓄能器		加热器	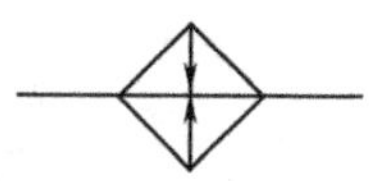
气罐	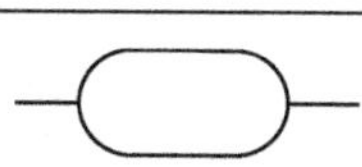	压力计	
油水分离器（除油器）	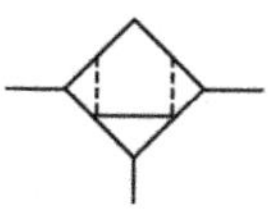 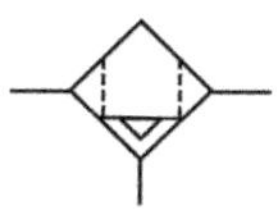	温度计	
流量计	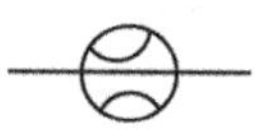	报警器	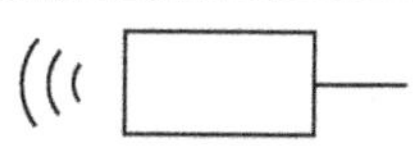
消声器	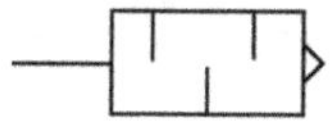	压力继电器	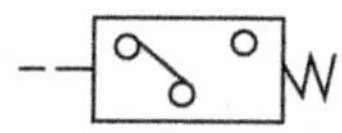

参 考 文 献

[1] 徐永生主编. 气压传动. 北京：机械工业出版社，1989.

[2] 徐永生主编. 液压与气动. 北京：高等教育出版社，1998.

[3] 陈榕林，张磊主编. 液压技术与应用. 北京：电子工业出版社，2002.

[4] SMC 有限公司. 现代实用气动技术. 北京：机械工业出版社，2003.

[5] 兰建设. 液压与气压传动. 北京：高等教育出版社，2002.

[6] 汪永文，汪秋文主编. 液压/气压控制实习. 台北：全华科技图书股份有限公司，1988.